# Before the Rise
# of Machines

The Beginning of the Consciousness
and the Human Intelligence

# 机器崛起 前传

自我意识与人类智慧的开端

蔡恒进　蔡天琪

张文蔚

汪恺◎著

清华大学出版社

北京

**图书在版编目(CIP)数据**

机器崛起前传：自我意识与人类智慧的开端 / 蔡恒进等著 . —北京：清华大学出版
社，2017(2017.4重印)

　　ISBN 978-7-302-46549-2

　　Ⅰ.①机…　Ⅱ.①蔡…　Ⅲ.①人工智能—研究　Ⅳ.①TP18

中国版本图书馆 CIP 数据核字(2017)第 040204 号

责任编辑：刘　洋
封面设计：李召霞
责任校对：王凤芝
责任印制：王静怡

出版发行：清华大学出版社
　　　　　http://www.tup.com.cn，http://www.wqbook.com
　　地　　　址：北京清华大学学研大厦 A 座　　　邮　　编：100084
　　社 总 机：010-62770175　　　　　　　　　　邮　　购：010-62786544
　　投稿与读者服务：010-62776969，c-service@tup.tsinghua.edu.cn
　　质量反馈：010-62772015，zhiliang@tup.tsinghua.edu.cn
印 装 者：三河市金元印装有限公司
经　　销：全国新华书店
开　　本：170mm×240mm　　　印　张：15.25　　　字　数：200 千字
版　　次：2017 年 4 月第 1 版　　　　　　　　　印　次：2017 年 4 月第 2 次印刷
印　　数：3001～5000
定　　价：59.00 元

产品编号：073458-01

## Content Summary
## 内容提要

　　这是一场关于人类认知的再发现之旅。从生命诞生到人工智能大行其道，作为宇宙中平凡的一员，我们为何能站在智能的顶端，成为万物之灵？千百万年前，恐龙作为地球的霸主，为什么没有产生高级智能？从历史长河中的国家兴衰到社会组织中的群体行为，从语言分析哲学中的奇异现象到心灵哲学中的意向性，从自然科学的起源到现代科技的前沿综述，本书从历史上的诸多谜题出发，沿着自然科学的思维脉络，会通陆王心学与心灵哲学，对自我意识和人类认知的起源与进化进行梳理和解读，并将其建构为触觉大脑假说和认知坎陷三大定律。

　　我们生活的时代正处于机器崛起的前夜，我们对人类智能的理解将决定着明天会是一个怎样的世界。本书将提供一个统一的认知框架，为开辟出新的知识体系提供坚实的基础。本书深入浅出，观点深刻而简洁，内容翔实而具有趣味性，适合对人类智能和人工智能有好奇心、对自然科学与社会科学领域的结合感兴趣的普通读者阅读，也适合从事哲学、自然科学、社会科学以及艺术研究的专业人员参考。

# 两院院士、千人计划专家、企业家、教育家和哲学家联袂推荐

创新活动包括概念创新、思维创新、理论创新和技术创新，其中概念创新尤为重要，是创新的源头。在人工智能时代到来前夜，本书为破解人类智慧和自我意识之谜提供了独到而深刻的视角和概念体系，希望它能够为人工智能理论研究者以及大众读者带来新的启发。

中国科学院院士、中国工程院院士　李德仁

人类智慧的起源是什么？人活着的意义是什么？人工智能时代，这些"远虑"已成"近忧"。面对人工智能带来的劳动力分化和机器人威胁，人类应当如何理解和应对，这些终极问题都能在书中找到令人启迪的论述。如书中所提"坎陷世界统摄原子世界"，人活着的意义最终由人自己而非外部决定，从而构成人类智慧的进化。这种对未来的美好愿景正是在一代又一代人的"心"与"智"的助力、传承中实现。

腾讯主要创办人、武汉学院创办人、一丹奖基金会创办人　陈一丹

教育的核心是塑造"我思"，人工智能的目标是创造"我在"，二者的本质都是超越人类智慧的结晶。本书作者提出"人人都是神童"、"神童的奥秘在于自我意识的塑造"、"要靠教育为机器立心"，这些犀利的观点为互联网时代的教育提供了全新的图景，是为文明之洞见，时代之先声。

新东方创始人　俞敏洪

随着信息科技的飞速发展，机器智能近来受到高度关注。机器何以有智能？机器智能和人类智能是什么关系？人类智能中的哪些特殊能力构成机器智能崛起的关键屏障？要想突破这些屏障，需要怎样的知识储备和学科建设？这些问题，在今天具有格外重要的意义。本书从物理、生物、生理、心理、语言、文化等多个层面剖析了人类智能这朵盛开在浩瀚宇宙中的灵性之花，在多学科交叉的"鞍点"上，为破解机器智能崛起之道提供了丰富的思想营养，读来令人深受启迪。

中国中文信息学会常务理事、原上海证券交易所CTO　白硕

200多年前的英国，面对蒸汽机的到来，有些人尝试主动改变和接受，另外一些手工业者却愤怒地砸毁机器，拒绝改变，结果后者被时代淘汰。未来，人工智能也会改变几乎所有的行业，而这次，真正能胜出的一定还是提前预测并准备好改变的人，推荐蔡恒进教授及团队的这本《机器崛起前传》。

百度副总裁、李叫兽团队创始人　李靖

人无远虑，必有近忧。计算机的出现不足百年，已对人类社会产生了翻天覆地的影响。而随着人工智能时代的到来，不仅人类的生活方式会发生革命性的变化，人类作为一个生物群体，如何与机器和人工智能共存，是否还能保留人类的基本特质，都是在哲学意义上需要认真探索的问题。很高兴看到本书作者在这一重大课题上已有深入的思考。对于有兴趣探究人类自我意识及智慧在人工智能时代如何进一步演化的读者来说，这是一部不可错过的好书。

Nine Chapters Capital Management 创始人兼首席投资官　库超

在即将到来的机器人时代，人类怎样才能避免从地球上被"删除"的命运？人与"机器"是否可能友好相处？本书以一种崭新视角提供了可能的答案：求助于中国儒家哲学智慧并以此对机器人进行教育，而不是西方效率优

先的文化(作者认为这种文化会导致机器人消灭人类)。这一方案既是作者对人工智能发展逻辑的合理推论,也是对人的自我意识起源问题长期研究与思考的结果。因此这一方案充满了科学的理解与哲学的思考、证据的分析与超前的洞见。

武汉大学哲学学院党委书记、全国自然辩证法

委员会网络与信息基础专业委员会副主任　陈祖亮

就人类智慧及自我意识的演变而言,庄子醉心于前学科的道术时代,未始有夫未始有封也者。《诗经》可咏为博物志,《抱朴子》可读作化学史。这部打通自然—社会—人文三界的奇书,或可引领现代人重返道枢,得其环中,以应无穷。

武汉大学通识教育中心主任、文学院二级教授　李建中

这是一部试图跨越自然科学与人文科学的作品。它把在对自然事物的研究中确立起来的有效思维方式从"延用"到"自然"的边缘域,即包括自我意识在内的人类智能领域。对以自我意识为核心的人类智能的产生、演化问题,结合了很多自然科学的新知识与新实验,提出了大胆的假设,并借此对未来的人工智能做出自己的预判。对人类自身各种复杂问题感兴趣的读者来说,这是一部可供借鉴与反思的作品。

清华大学哲学系教授、系主任　黄裕生

文史之复杂不亚于科学与工程,本书作者兼具文理之长,以"自我肯定需求"为基点,纵论科哲文史,不下二十余万言,庖丁解牛,释历史周期律、轴心时代诸多疑惑。作者又能为智慧溯源,为西学把脉,为中学正本,为机器立心。处当今人工智能文明之世,需要学术自主和文化自觉,而作者蔡君于此有重要贡献,谨为之推荐。

中国近代史学家、中国台湾中央大学讲座教授　汪荣祖

古往今来，有关人类认知领域的著作浩如烟海。然唯有此书，看似单薄，却融自然社科于一体，通中西哲学于一家。不仅如此，本书的每一部分都通俗易懂、令人流连；读罢全书，则会发现每一个章节的安排都匠心独具；细读多遍，更会感叹本书架构之完整，视野之恢弘。本书已经远远超出"欲"、"技"之层次，可谓"道"之境界的上乘。

武汉大学哲学学院教授　彭富春

触觉大脑假说和自我肯定需求理论的提出，使得国家、企业和个人的成长机制统一于一个理论基础之上。这或许正是蔡教授在过去十年中能带领数百学子在国内外顶级信息技术大赛中获得近百项大奖，培养大批精英进入华尔街、互联网公司高层和世界顶尖人工智能实验室，创造人才培养奇迹的奥妙所在。而认知坎陷三大定律与牛顿三大定律和热力学三大定律更有异曲同工之妙，期待认知坎陷也能在人文社科领域大放异彩。

中央千人计划联谊会副秘书长、武汉海外高层次人才联谊会会长、

尔湾文化董事长、千人智库创始人　周怀北

在人类思想史上，人如何理解自身一直都是每一代人最希望解决却又从未解决的课题，其中的一个切入点便是对思维过程中模糊性本质的认知。本书作者以自我和外界的剖分作为智能的开端，将人对自我边界以外世界的理解看作一个开放、未完成的系统，并将其抽象为与原子世界对应的坎陷世界，刷新了我们对模糊性和不确定性的理解，并为量化研究模糊现象提供了新的方向。

千人计划专家、美国孟菲斯大学终身教授、

华中师范大学心理学院教授　胡祥恩

《科学》杂志把意识列为仅次于宇宙起源的自然之谜。本书纵横东西方科学与哲学，无论是揭秘轴心时代、把握儒释道精髓，还是剖解现代科学脉

络、给出坎陷定律，都因为建立触觉大脑假说及自我肯定需求这个统一的理论体系上，而显得游刃有余，这是一本科学探寻意识之谜的破冰之作。

千人计划专家、华中科技大学、武汉大学和中南财经政法大学兼职教授，

虹拓新技术董事长　曹祥东

随着人工智能研究的深入，业界越来越意识到相关工程学问题的哲学面相，尤其是意识到了对于意识与智能之本质的哲学探索的重要性。蔡恒进教授等人所完成的这部著作，以通俗易懂的文笔，切入机器智能与人类智能所共通的一系列基本问题，发人深思而时有洞见。其中，书中所提到的要教化未来的人工智能系统以"仁爱"之精神对待人类的观点，本人亦极为赞同，窃认为是未来化解人—机关系的一条重要精神指导。希望此书能够引发文、理交叉思维在我国的进一步勃兴。

复旦大学哲学学院教授、人工智能哲学专家、

教育部长江青年学者　徐英瑾

本书从自我肯定需求和认知膜理论出发，融合社会科学、自然科学与计算机科学，纵观古今，为读者们呈现了一个统一的认知框架——触觉大脑假说与认知坎陷三大定律，为人工智能及其发展提供了一个全新维度的阐述，令奋战在人工智能第一线研究工作的我受益匪浅。

浙江大学计算机学院　杨洋

在武汉大学读书期间，我有幸曾经亲自接受过蔡老师长期的教诲。蔡老师博闻强识，和蔼儒雅，最让学生感到钦佩的，是他往往能够跳出某一个专业的思维桎梏，从更深的层面去探寻事物之间的联系和世界本源的发展规律。每一次和蔡老师的对话，都是一次真正的"头脑风暴"。

人类对于世界的认识是不断深化的。如果说，马克思主义哲学是关于实践的哲学，那么自我肯定需求，就是认识"自我"，这个实践主体的发展规律的

哲学。目前，人类社会已经步入信息时代，这是第一次，人类以外的人造物，可能成为实践的主体。因此，去了解实践主体的发展，去发现实践主体的价值，对于思考人造物往哪里去，人类往哪里去，甚至整个世界往哪里去，都具有根本性的意义。而自我肯定需求，则是蔡老师积十数年思考之功，对此命题做出的率先解答与总结，必将启动一个人类思考方向的风口，并具有深远的垂范效应。我相信，任何人，无论你是对于社会发展有见解的，还是对于人类发展感兴趣的，甚至是对于世界发展有看法的，都可以从这本书中，看到解决你面临的问题的亮光，得到来自于他人智慧的启迪。

IBM 中国开发中心实验室　耿嘉伟

在人工智能技术飞速发展，影响逐渐深入到日常生活的今天，智能产生的本质依然悬而未决。蔡老师从人类几千年历史的宏大视角出发，梳理从数学物理到人文艺术的发展脉络，总结出以自我肯定需求为中心的深刻理论框架来解释人类发展的本质。本书对当下研究人工智能算法、长远讨论智能理论以及机器人伦理都有重要启发。

谷歌 Deep Mind 实验室研究员　吴夔

# 混沌初开（推荐序一）

时光荏苒，自恒进于阿拉斯加获得博士学位，至今已有二十余载，欣闻新书定稿，乐为其作序。我作为恒进攻读博士学位之导师，很高兴看到他在社会科学领域中的创见，更期待他从研究人类智能开始，开创人工智能研究的新框架。

当年蔡恒进初来阿拉斯加，用很短的时间就能应用计算机模拟方法，揭示了太阳风与地球磁层能量耦合中磁场重联的粒子过程。无碰撞等离子体"欧姆定律"这一发现，曾被英国帝国理工学院 Jim Dungey 教授称为"I think your paper marks the breakthrough（我认为你的论文标志着突破）"。这一成果至今仍是磁场重联等研究领域的经典论文，为研究生所必读。事实上，在计算机模拟实验进行之前，恒进已经凭借其对物理现象本质的理解，大胆地提出了这一猜想。恒进对磁层亚暴肇始此一复杂动力学问题做出了深入的研究，首次指出极区电离层对流是磁层亚暴增长相时等离子体片演化的动力。他还与其他合作者共同提出了磁管中熵的反扩散不稳定性。这种宏观不稳定性在磁层亚暴增长相的后期，导致非常薄的电流片的形成，最终引起磁层亚暴的肇始。这些研究对空间环境预报有重要的意义，他也因此在1998年的美国地球物理学会（AGU）上作了特邀报告。

蔡恒进擅长从第一原理出发，思考问题的本质，这种思维方式使其在空间物理的研究中取得了重要的发现。与粒子的动力学过程相比，人的认知规律更为复杂。令人赞叹的是，坎陷这一概念源自新儒学家牟宗三先生对中国儒学的创造性重建，而吸引子则是现代物理和数学的重要概念，恒进将二者创造性地结合，对人类认知的诸多现象进行了新的解读。更难能可贵的是，他能从当下出发，心系未来，将自己的研究发现与现代生活实践结合在一起，去尝试解决一些与人类未来休戚相关的具体问题。依我的理解，他试图从人类认知的一般规律中找出人类行为的复杂根源。从自然科学的研究历史和研究方法来看，我可以将这一尝试看作对物理学质朴性的一种追求。从这本书的内容来看，这样的尝试已经极大地精简了我们对人类社会现象的理解，为当前一些社会科学领域的研究提供了新的角度与范式，得到新的发现。

本书中的三大定律和一大假说，在人类智能与人工智能之间架起了一座有意义的桥梁。本书的问世，是对人类智慧研究的一份好的总结，更是人工智能研究的一个新的起点。

李罗权

中国台湾"中央研究院"院士

发展中国家科学院院士

二〇一六年十二月于中国台北

# 默契道妙　开物天工（推荐序二）

　　"物者，心之物也。心者，物之心也"。心物究其原初本不是两橛的，它们是一体的。由此一体而区分出来。这是从"境识俱泯"、"境识俱起"到"以识执境"的历程。用"存有三态论"来说，这是从"存有的根源"、"存有的彰显"到"存有的执定"的历程。用《易经》的话来说，是"寂然不动，感而遂通"；就这样的"范围天地之化而不过，曲成万物而不遗"。我们不是去看一个对象物，不是去把握一个对象物，因为对象物并不是一个"既予的对象物"，而是人们的构造物。在对象物之为对象物之前，从"和合为一"的原初态，经由人的参赞化育，在这触发中，逐渐"坎陷"、分化而成。

　　人乃得天地阴阳五行之秀气而生者，人是万物之灵，以其"灵"，可通天地人我万物也。灵而有"觉"，"灵"重在灵感、感通；"觉"则重在觉知、主宰。因"灵"而"觉"，因"觉"而"知"。"知"有个矢向（矢），这矢向分别，而以言语表出之（口），表出之、对象化之，从而确定之，知之而识之，"识"是了别，"知"是定止，"知识"就这样构成了。

　　读蔡恒进博士及其团队所著成的这部奇书《机器崛起前传：自我意识与人类智慧的开端》，真有快然不可以已的欢愉与喜悦。我说他是一本奇书。其奇也，泯其界线也，归其本源也。不为世俗之所限也，契于造化之根也。用我喜欢的《易经》句子，〈坤卦〉六二爻辞来说，"直、方、大，不习，无不利"，直者，契于根源也，方者，方正不偏也，大者，宽广无涯也。不受世俗习气之所限也，因此无不利也。无不利者，通达圆融，了无罣碍也。

这本书是奇书，是妙书，是好书，是让人能够开启胸襟、眼界、心量的书，当你读得畅快淋漓，或觉惊骇怖栗，正乃所以"依般若波罗蜜多故，心无罣碍。无罣碍故，无有恐怖，远离颠倒梦想，究竟涅盘"也。原来这世界并不是"上帝说有光，就有了光，于是把他分成白昼与黑夜"，他确然是"天何言哉？四时行焉，百物生焉，天何言哉！"。"域中有四大，道大、天大、地大、王亦大，人法地，地法天，天法道，道法自然"。

由二十世纪进入到二十一世纪，由现代化而进入到"后现代"，互联网的时代、人工智能的年代，自我意识的重新理解是必要的，机器人的划时代认识是必要的。东西方文明的相遇，交谈对话是必要的。人文学与自然科学重新理解与研究是必要的。须知：它们本来就不是可以区分的，其原初是一个不可分的整体。不是"我思故我在"，追溯之是"我在故我思"，再溯其源是"在、思、我"浑然一体也。

丁酉春正，读到这本奇妙的书，说了些奇妙的话，有种奇妙的感觉。感之、觉之、通之、达之，不知手之、舞之、蹈之，快然而不可以已。是为序！

林安梧

中国台湾大学第一位哲学博士

山东大学儒学高等研究院杰出海外访问学人

原中国台湾清华大学通识教育中心主任

慈济大学宗教与人文研究所资深教授

岁在丁酉，二○一七年二月二十日于江苏无锡旅次

# 人类与机器人的共存共荣（推荐序三）

  由蔡恒进教授、蔡天琪、张文蔚、汪恺四位合写的本书，怀抱着对人工智能机器人的美好憧憬，在科技研究之暇，针对人类智慧的发展问题，展开广泛的讨论。本书之作，内容丰富，涉及面向众多，包括自然科学定理、历史哲学理论、人类智能发展、教育哲学理论、工业文明现象、王朝兴废的经济结构原理等，作者们企图藉由对人类文明现象的总体观察，论述人工智能机器人的发生，在人类文明的未来可能达到的境界，以及应该关注的问题。

  这确乎是一部超时代的著作，引导读者去思考一个重大的问题：当机器人时代来临，当机器人能够主动思维、创造维护、发展自己了以后，会不会反过来宰制人类？作者们的立场，则是藉由道德心的设计，预设一个理想的可能，人类与机器人共享的高科技美好未来，当然，担忧亦不可免，所以作者们邀请所有读者共同关注这个问题。

  笔者认为，从儒家的角度讲，孟子的良知，在王阳明和牟宗三的诠释上，就是以道德意志作为创造的动力，作者们为机器人设想的功能，就是加上这个道德心的设计，使其与人类和平共荣。但有一个问题，毕竟作为人类设计出的产品机器人，无论如何是在一系列软件条件设计下的系统，依据牟宗三的形而上学理论，有系统相的体系终究不能是圆满的，无系统相的道德意志，才可能有真正永恒的创造，面对不断变换的世界做出最佳的抉择。那么，机器人能跟上超越自身系统相的限制，而处置活的人、与（甚至）活的宇宙世界吗？

　　这就可以转向佛教宗教哲学的讨论了。就佛学而言，世界是由阿赖耶识变现的，因为根本清净，最终以如来藏真如心的呈现而成佛，它的历程遍行在根身、器界、山河大地、天界的宇宙现象中，历国土世界的成住坏空而仍恒存永在，关键是这个藏识的恒存，至于肉身是会毁坏的，山河大地是会毁坏的。相比而言，机器人毕竟是色身实体，却没有藏识，在应付山河大地的浮沉升降问题上以及色身坏死的问题上，恐是无能为力的。

　　就如机器人围棋一样，毕竟必须是在围棋这个系统中他才能超越人类智能，它不能同时打败桥牌高手、象棋高手，汽车飞机跑得比人快，飞得比人高，但却不能煮饭、烧菜、写小说、谈恋爱，这就是牟宗三先生讲的系统相的限制之处。当然，人体就是一部超级机器，人类为机器人设计的许多系统也一定可以胜过个别单一的人体智能，但是人类拥有的灵魂、藏识，却不是可以制造的，而是天然本有的。因此，无论如何怀抱机器人的梦想，它们永远都只是助人的工具，人类性命的独立自主、创造感受的生命行动，永远都是这个世界的真正主人。从宗教哲学的角度，人类可以进化为神仙菩萨，从科技的角度机器人也可以不断进化，但是系统相及藏识这两个环节，应该是机器人发展的瓶颈。

　　本人与作者们共同怀抱对机器人进入人类生活的无限憧憬，但也对于人类自身在面对环境的变化与生命的艰难问题上，更具信心。感谢作者们在这个问题上的耙疏奋进，带领读者们进行深度的思考，从而为迎接机器人人工智能时代的来临，做好思想准备。本人郑重推荐本书，也跟作者们一起，邀请读者共同思考。

杜保瑞

中国台湾大学哲学系教授

二〇一七年二月于厦门

# 十年磨一剑（推荐序四）

　　我于 2007 年在武汉大学读本科期间有幸得到蔡恒进老师的指点，接触到了复杂系统和混沌理论。彼时蔡老师已经开始系统思考和研究人类社会中的各种复杂现象（如社会中财富的聚集效应）背后的本质推动力。蔡恒进老师有深厚的物理和科学背景，又融汇了金融、软件、管理等应用学科的知识，在多年的理论和实践积累上一直不懈探寻融会贯通的理论。他的思考方向为我理解和认识世界打开了新的视角。

　　特创论曾有一个经典的隐喻：如果在沙滩上看到一块机械手表，你一定会马上认为这块手表并不属于这个沙滩，而是有人创造了它。因为手表的复杂程度是如此之高，使得它不可能被认为出自沙滩的演化。这个隐喻被宗教信徒用来辩称上帝的存在。他们认为人类的构造和智能是如此的复杂，以至于不可能来自自然演化，而必定是上帝所创。

　　实际上复杂系统理论为我们打开了一种新的解释。一定尺度上的各种复杂现象，无论是规律性的还是看似毫无规律的，本质上都是这个尺度之下大量的个体基于简单规律互动后的整体行为涌现。天空中的大雁群一会儿排成直线，一会儿排成箭形。不是因为有统一的协调指挥，而是因为每只大雁本能地遵循规则调整和相邻同伴的距离。庞大的蚁群可以协作觅食御敌，不是因为蚁后在发号施令，而是每只蚂蚁通过简单的信息与同伴传递有限信息。人工神经网络系统可以应对复杂的感知问题，不是因为程序员硬编码了处理问题的各个规则，而是无数神经元之间基于简单函数的输入输出协作而成。宏观上的复杂是微观上的简单的涌现，这个思考方向使得我们不用把对于人类智能这样的复杂现象解释为不可证伪的神创论，而是可以用科学的逻辑去探寻复杂之下的简单本质。

转眼收到蔡恒进老师《机器崛起前传》的书稿已经是 2017 年，距离当年他在珞珈山为我授业解惑已经过去了整整 10 年。读罢此书，我不禁叹服于蔡老师对于复杂现象之下本质问题思考的深度以及从科学社会人文各个领域归纳提炼的广度。在过去的十年间他在这个方向上持续钻研思考，最终形成了一套基于自我认知理论的思维体系。并从这一朴素的基本点出发，在不同维度上自洽而普适地阐释了人类智能和各种复杂的自然与社会现象，正所谓十年磨一剑。本书旁征博引，融会贯通，为更深入理解人类智能并探索人工智能提供了新的理论基础和实践框架。此外作为一本科学类读物，本书既有唯物论者观察洞悉世界的宏大广阔视角，又有富于文学性的美妙文字和人文情怀，给读者带来了抚卷称奇又美不胜收的阅读体验。

耿益璇

顺为资本投资经理

二〇一七年二月于北京

　　生于青萍之末，起于微澜之间。"自我"微妙的发端却能使个体从诞生之时起，就不断地探索，确证"自我"的存在。雏鹰破壳而出，弱蛹破茧成蝶，生命在摸索中不断打破"自我"的壁垒。从呱呱落地时起，世界就开始与我们建立千丝万缕的联系，我们用世界观照自己，又凭借自己的意志影响世界。无论是我们为寻求温暖而发出的啼哭，还是我们因探求真知而提出的质疑，我们其实都是在探寻各种可能性，并试图在某一个价值尺度上肯定"自我"。

　　仰望浩瀚的星空，我们看到自己的渺小，但内心的充盈与丰富也能让我们看到"自我"的伟大。或许，我们只是苍茫中的一片蜉蝣，可"自我"又是静谧中一束明亮的光，能穿透任何黑暗。

　　在"自我"与"外界"交互的过程中，会有一个自我保护层作用于"自我"与"外界"，即"认知膜"。像细胞膜保护细胞核一样，认知膜起到了保护自我认知的作用，它一方面过滤外界的信息，选取有益部分融入主体认知体系；另一方面在面对外界压力时，主观上缩小双方差距，使个体保持积极心态，朝成功努力。认知膜为主体的认知提供了相对稳定的内部环境，确定了多个不同层面的"自我"的存在，如个人、组织乃至国家。个体的认知膜最终要能与集体乃至社会的认知膜相融，在融合的过程中互相丰富。

　　自我肯定需求与认知膜的存在，使得人要不断地求知、求真，确立"自我"的实存，精神贵族能够使得自我肯定需求不停得到适当的满足，自如地应对"外界"。"自我"越来越强大，能够包含的内容也越来越多，成长到一定阶段，就可能达到一种超脱的状态，实现所谓的"从心所欲不逾矩"。即使受到在物理世界规律的约束，人依然能够按照自己的意志行动，从"必然王国"走向"自由王国"。

蔡恒进

二〇一六年十月于珞珈山

2004 年 NBA，火箭 VS 马刺，在最后的 35 秒内，麦迪以三个 3 分、一个三加一的 13 分"大爆发"力挽狂澜，将最终比分改写为 81∶80，帮助火箭奇迹般逆转马刺。

2006 年 NBA，湖人 VS 猛龙，科比 46 投 28 中砍下 81 分，超越乔丹的 69 分个人得分纪录，成为继张伯伦 NBA 单场最高得分纪录 100 分之后，联盟历史上排名第二的单场个人最高分。而湖人也依靠科比的神奇发挥，以 122∶104 击败猛龙，结束了两连败。

某年军演，中国特种兵狙击手黎登贵受领"斩首"任务时，在丛林中潜伏 3 天，甚至蚊子飞进眼睛里被眼泪淹死他也未曾眨眼，最终等到敌方指挥员出现后，一击爆头。

月明之夜，紫禁之巅。西门吹雪完成对白云城主叶孤城"一剑破飞仙"的绝唱之后，终于达到了"无剑"的最高境界——天地万物都是其剑，掌中无剑而无处不是剑的"人剑合一"。

屈原用复沓纷至、倏生倏灭的幻境交替将自己的理想、遭遇、痛苦和热情浪漫地熔铸成可歌可泣之《离骚》，留下"长太息以掩涕兮"之绝唱。

图灵和伙伴沉潜两年终有成果，在秘密机构破译德军密码，扭转了大西洋战场的战局。

王阳明被贬于龙场，悟道四年，日思夜想，终于一夜顿悟，留下"圣人之道，吾性自足，向之求理于事物者误也"的感叹。

释迦牟尼于菩提树下苦修六年，形销骨立，终于顿悟，其毅力令人钦佩。

麦克斯韦辞去教席，在卡文迪许实验室潜心研究电磁学数年，耗尽余生，其《电磁学通论》在固守牛顿传统力学的欧洲曾被视为奇谈怪论，直到赫兹将其验证，才被世人认可。

或一瞬，或几时，或数年，或一生，从古至今，无数人为自己所爱心无旁骛，或如爱迪生生命不止，创造不息；或如凡·高，痴迷于艺术甚至精神失常。他们在自己的天地里徜徉，而那样一片天地，没有时间，没有饥寒饱暖，只有"自我"。

唐诗宋词有平仄要求，却不会成为诗人的禁锢。大小李杜、豪放婉约，诗神诗魔、诗鬼诗佛，美妙的韵律在风格各异的诗人笔下，最终汇成了卷帙浩繁却又脍炙人口的佳作名篇。音乐中有巴洛克与洛可可之风格，也有交响乐与四重奏等区分，可无论何种乐派、何种形式，都有各个巨匠留下的杰作。巴赫、莫扎特、海顿、贝多芬，音乐在他们的笔下肆意流淌，滋养心灵，至今仍萦绕在人们心头。

"自我"可以不局限于自己的身体，与所感之物融为一体并游刃有余；"自我"可以不拘泥于时间，斗转星移、日月光华在此处只是一瞬；"自我"可体悟世间万物，上下求索，孜孜不倦；"自我"可带着"镣铐"轻盈地舞蹈，或忘却羁绊，或利用羁绊，创造绝唱。佛家讲"四禅八定"，海德格尔谈"诗意地栖居"，生命仿佛就在这"禅定"和"栖居"中静止，在创造和实践中凝固，伴随着"自我"的倾情投入而自由地起舞，在这圆融之中收获满足与安宁，甚至能够忘记"镣铐"、忘记时光，从肆意中醒来，只觉恍如隔世。生命无时不处于羁绊之中，可生命也无时不自由，这就是自由和羁绊的关系与魅力。可在这自由与羁绊的冲突之中，人总是能找到一个巧妙的平衡，继而实现"自我"的圆融，或片刻，或恒久。其中的奥秘何在？这正是本书想要探索的。

Contents

目录

## | 01 | 第一部分 |

### 牛顿的苹果

伏尔泰在《牛顿哲学原理》中曾讲过一个大家耳熟能详的故事：牛顿在树下苦思冥想，正当他思考究竟是何种无形而神秘的力在拉动行星绕太阳转动时，一颗苹果从树上落下，激发了他的灵感，让他揭示了万有引力定律。这个故事虽无从考证，但也算是一段有趣的名人逸事，可是，我们有没有想过：为什么牛顿能从一个苹果落地的事件中得到灵感，继而揭示出万有引力定律呢？

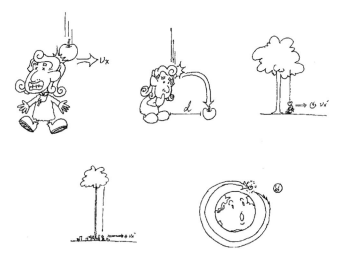

我们不妨大开脑洞，猜想一下牛顿的思维过程。一颗苹果从几米高的树上落下，苹果与牛顿的脑袋碰撞后会产生一个水平方向的速度分量，使得苹果水平方向弹出去一段距离。如果这是一棵几十米高的树，苹果就会弹出更远的距离，那么如果树高几百米呢？几千米呢（假设牛顿的脑袋足够硬）？顺着这个思路，我们可以大胆推测，只要苹果从足够高的地方落下，水平方向的速度分量足够大，那么苹果就可以像月亮一样一直绕着地球飞行而不落地！苹果下落（地上发生的事）和月亮绕地球飞行（天上发生的事）都是因为同一个力——万有引力！

# 第一章
## 你我眼中的不同

有些时候，眼见也不一定为实，不同的人面对同一对象可能产生完全不一样的解读。在图1-1中，你看到的是一只白色的花瓶还是两张黑色的人脸？图1-2中究竟画的是一只兔子还是一只鸭子？图1-2是非常著名的《鸭兔图》，从心理学上讲，"鸭兔图"是格式塔心理学上的典型例证，即表明"整体决定部分的性质，部分只有依存于整体才有意义"。在哲学上，哲学家以此来思考感觉与认知的关系。比如，维特根斯坦（L. J. Wittgenstein）在《哲学研究》中就借助该图来说明"如果同一个对象可以被看成是两个不同的东西，那么，

图1-1　第一眼看到的是花瓶还是人脸？　　图1-2　这是一只鸭子还是兔子？

这就表明知觉并不是纯粹的感觉"这一哲学观点。

　　两可图、错觉图的例子有很多,这也反映出当我们的关注点游离到不同位置时,我们就会产生不同的倾向,进而对这些图片产生联想,从而看到不同的内容,这正是人类思维滑动性的表现。图中的任一局部可能不会引起歧义,但组合在一起就会让人产生不一样的感觉。正因为如此,格式塔心理学派着重完形而否认元素,主张相对论而反对绝对论,并认为整体不等于而是大于部分之和。

　　在物理学方面,如果我们想要发送一架飞行器到太阳系的边缘,应该如何实施? 当然,一种直接的方法便是装载足够多的燃料,但"足够多"目前而言只能是一个理论数值,对应到实际应用中,可以说是一个天文数字,还不太能真正操作。于是聪明的人类就提出了"引力弹弓效应",如图 1-3 所示:理

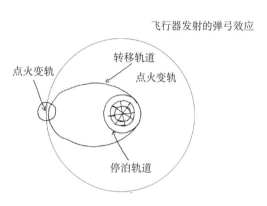

图 1-3　引力弹弓效应

论上,我们只要能充分利用椭圆轨道和行星的引力作用,通过计算,在合适的时间点利用引力,飞行器就能弹射到更外层的轨道,只需少量燃料,就可以达到目的。

　　再比如冲浪运动(见图 1-4),海浪的能量主要与浪的周期、浪的高度和海底的地质结构相关,理论上讲,如果懂得利用海浪的能量,冲浪者的动能就能够越来越大,速度也能越来越快,但冲浪者自身需要耗费的化学能其实并不大。

　　在上面两个例子中,人们都是通过滑动性实现了生活中的具体情境与物理科学原理的关联,并通过物理模型的建构,解决了问题。

　　还有,在商业中,我们常常说的"风口"也有类似的原理(见图 1-5),我们可以通过环境的推动力,帮助企业更好更快速地发展,这就比单枪匹马地拼搏要有效得多。

图 1-4　优秀的冲浪者懂得借助浪潮的力量

图 1-5　"只要站在风口，猪也能飞起来！"①

从这些例子中我们也感受到，人类总是懂得利用外界环境的助力，通过巧妙的方式达到看起来似乎不可能完成的目标，达到"四两拨千斤"的效果，

---

① 陈润．雷军传：站在风口上．武汉：华中科技大学出版社，2014.

进而能够在相应的价值体系里变得强大。

　　在微分方程中,沿着某一方向是稳定的,另一方向是不稳定的临界点 (critical point),叫作鞍点(saddle point)。鞍点是处于弧面的极点,在这个点上的状态是极不稳定的,非常容易滑向某一方。人类具有"自由意志"的重要因素,就是因为在人类思维中鞍点随处可见。对人类思维来说,思维在鞍点的两可状态下,只用消耗很少的能量就可能达到其他完全不同的状态。刺激反应应该是多种输入产生一种输出,而非单一输入对应单一输出这种简单的刺激模型,而且刺激的输入往往很复杂且不尽相同。比如在图 1-6 中,一支箭矢射来,我们的反应肯定是要躲,但这个躲的方向可以向左向右或者向下,等等,那么这种躲避的选择是不是决定论呢?

图 1-6　躲避箭矢可以跳起或蹲下,或者左右闪躲

　　这当然是与内部状态有关,但我们仍然可以问,为什么是向左而不是向右呢?实际上这些选择之间的差异非常小,内部差异可能只需要一点点细微的不同就会导致不同的方向,甚至是在内部状态没有任何差别的情况下,既可以向左又可以向右。这其实也可以是多对多的关系,比如弓箭有材质的差别,或钝或锋利,还可以只是 3D 画面中看到的幻觉,都会让我们产生出躲避的反应。不管是哪种弓箭,我们的认知内部首先将之转换为"危险",针对危险再转换成躲避的具体动作。这一活动链条就与物理世界的活动很不一样了。就选择而言,其中能量消耗的差异非常小,但表现出来的效果却可能完

全不同。在鞍点的能量消耗甚至可以趋近于零，而且即便能量不为零，人类还能够主观控制能量。比如，我们能够控制我们的身体动作（是要跑步还是走路），也能够借助一些工具达成目的（是乘坐电梯还是爬楼梯）。我们虽然不能够用双臂让运行中的火车停下，但能够通过控制轨道来改变火车行驶的方向。

人类思维中的鞍点虽然多，可能的方向也很多，但并不是一个无限爆炸的状态，因为会有"自我肯定需求"（参见第七章）的作用，我们在吸收外界因素的时候是通过"认知膜"（参见第七章）过滤的倾向性的选择，进程比较缓慢，鞍点的滑动方向也是趋于靠近满足自我肯定需求的，这样就能保证我们的思维是丰富而收敛的状态。

哲学上有一个"布里丹毛驴效应"，如图 1-7 所示，就是说一头毛驴在两堆数量、质量和与它的距离完全相等的干草之间，如果始终无法分辨哪一堆更好，那么它永远无法做出决定，最后只得在纠结中饿死。布里丹主要论证了在两个相反而又完全平衡的推力下，要随意行动是不可能的。同时，这种临界点（或者鞍点）又非常不稳定，人的意识就与这种状态有关系，世界中到处都是不稳定的临界点。

毛驴困境

图 1-7　布里丹毛驴效应

滑动性的生物基础应该还是大脑的网络结构,这就使得人类思维具有尺度变换不变性和平移不变性。如图1-8,假设我们现在身处一望无际的非洲草原,一只狮子凶猛地朝我们跑来,由远到近,从小变大,不论这只狮子是离我们几百米远还是近在眼前,我们都会认为这是同一只狮子,也会做出一样的反应。但这对于一台机器而言,则是完全不同的图像。当狮子离机器的传感器很远的时候,在图像上它可能只是一两个像素点的大小,在动态捕捉或是其他传感机制中可能也只是一个点,这个时候机器根本无法分辨这几个像素点对它意味着什么。只有当狮子离我们足够近被足够多的传感器捕捉到的时候,机器才能将这个移动中的物体判断为狮子,而人则可以在很远的地方仅凭视觉和听觉就能发现并做出反应。

图1-8 人能够很快将看到的画面与记忆或想象的画面联系起来,而机器目前无法做到

目前,机器的图像处理与人的视觉系统还有很大差异。机器现在可以识图,能够精确地识别图形的样式并确定图形所代表的物品,但不能从人的脸和姿势中准确读出情绪的变化。人不仅可以轻松地做到这些,还能够敏感地察言观色,揣度对方表情背后的心理。人能分辨出对方的笑是强颜欢笑还是笑里藏刀;也能分辨出何为莞尔一笑,何为皮笑肉不笑。遗憾的是,就算人对机器一笑百媚,机器可能还要在费好大的劲之后,才能发觉你笑了。女人能

够仅凭男人的一个嘴角上扬就感觉到对方在撒谎，从一个眼神就能对男人洞若观火；但是，机器要能识别人的谎言，可能还需要获得他的心跳、瞳孔变化等一系列生理数据，要了解一个人更是难上加难。滑动性的存在，使得人的面部表情和肢体语言能够被迅速地理解，人与人之间的了解和沟通也因此能够更加自如。让机器能够从人的表情中识别出喜怒哀惧，或许会成为机器与人和谐相处的重要一步。

　　人类的思维常常出现误解与幻觉，其中也包括我们对"无限"的想象（图1-9）。在数学家的眼中，两条平行的直线，就被认为是在无穷远处相交，由此也产生了关于无穷远的想象。其实，我们对于无穷大或是无穷多的理解，都是来自我们的感性认识。超越数 π 小数点后面有无穷多位，但我们对于这个无穷多的表示还是利用了有限位小数的表达，这个时候，我们往往会用"数不尽"来形容这些无理数。可以说，人们心中的"无穷"概念在物理世界中的实例化都是靠有限实现的，我们可以用上亿位的数字来表示 π，但终究还是有限个数。只是在这样的一个表现的过程中，即使我们看到的并不是无限，我们也能够有一个对于无穷直观的感受；虽然我们很难精确地定义无限，可是当我们看到夜空上的满天星辰，或是谈到浩瀚的宇宙时，我们总能信誓旦旦地说，这就是无限，且不怀疑其存在性。

图 1-9　"无限"既看不见也摸不着，但我们并不怀疑其存在性

　　误解很多情况下通过视觉而来。人们看到了什么,很容易就凭借思维的跃迁而想到某种情况,并认为这是理所当然。但是在生活当中,这样联想的结果往往是让眼睛迷惑了我们,让我们忽略掉逻辑上的关联性或因果性,并因为先入为主的断言而对一件事物产生错误的认识,也往往让我们真正看到的被回忆成我们想看到的样子。"选择性忽略"就是其中的表现之一。

　　"选择性忽略"也是误解或是幻觉的原因之一。人看到并记忆一个画面的方式和计算机并不一样,计算机给整个画面分布了均匀的像素点,通过有顺序地记录这些像素点的色彩将图片转化为二进制文件储存起来。因此,对于计算机来说,它并不会刻意地记住某些东西,或者说,机器在处理这些的时候本身是无意识或无情感倾向的。所以直到目前,机器所能做到的也只有识别而已。

　　当你在看到图 1-10 这幅《清明上河图》(局部)的时候会先看到什么,是房屋? 还是城墙? 当你看的时候,是不是会不自觉地将视线关注到某一处你感兴趣的地方,如扁舟或是树上呢? 而你看完这幅图,让你回想其内容,你又将如何回忆?

图 1-10　清明上河图(局部)

　　对于同一幅图片,我们看到的和回忆起来的东西都会有倾向性和先后性。因为滑动性的存在,我们看图和记图的方式可以说和机器完全不同。我们记忆某个场景并不是将一个画面像机器一样刻录在脑海,而是有选择性地将物体记住,所以我们回忆的时候也不会像机器那般将整个图片打印出来,而是会根据侧重或需要,有选择并且有顺序地将一个个事物回忆出来。更有趣的是,在回忆的过程中我们还会主动地加上一些形容词进行描述。在无干扰的情况下，形容词的选取、回忆的顺序等还会因人而异，这也反映了滑动性在个人意识中的作用。因此，可能一件事情中的某些细节就会被大脑在我们不经意间选择性地忽略，这就容易导致我们产生错误的理解和认识，尽管我们并没有意识到。

再比如图 1-11 中，在同一个犯罪现场，法医可能会最先关注到尸体的伤口；而现场分析人员则会最先关注整个现场的环境及尸体的位置；鉴证人员则会从一进门开始关注房屋的细节，努力做到不遗漏。他们受到的不同训练使他们都能在一个场景中迅速投入并各司其职。可见，不仅仅是对画面，人们对一个场景的关注点也都不尽相同，每个人认知结构的不同，导致不同的人在面对同一个问题的时候，关注点的选取与意识的滑动方向也不会完全一致。

图 1-11　即便在同一场景下，不同人由于认知结构的不同，其关注点
与意识的滑动方向也不尽相同

我们会误认、会产生幻觉，会把不同的东西看作是同样的，也是因为我们面对这些东西时会产生滑动性。后文还会提到的"同一性"与"差异性"相互迭代进化。并且，我们认知里很重要的一个特点就是在某些情况下能够把具有差异性的东西看作是相同的，又能分清具有同一性的对象之间的差异。比如"一尺之棰"的例子中，木棍折半之后，我们还认为是同一根木棍，但从物理学的角度来看它已经发生了变化，起码粒子数目减少了一半。

# 第二章
## 概念化的世界

看到这里，你或许就已经感觉到了，生命真的很复杂。但实际上，生命要面对的环境更加复杂。

人类应对外界的一个巧妙之处在于，我们在认识复杂环境时，能够提出"概念"来简化对世界的理解。而概念本身会因为我们认识事物的程度、外界环境、个人经历和认知范畴等因素的影响而变化。

人类对"白色""马"或"痛"这些概念的理解，都不会是一成不变的。对于一个人而言是这样，对于一群人而言也是如此。白色最开始可能是白天的白，后来又有了纸张的白，大米的白等各种各样的白色。但让人惊奇的是，大家就算对某个概念的认识存在一定的差异，仍可以通过概念来进行信息的有效沟通，比如你说喜欢白色，很少会有人煞有介事地去考究你喜欢的白色究竟对应哪一种 RGB 值[①]。而且我们都知道，对应的颜色，我们的喜好泛指了白色这个概念涵盖的很多种可能。这一点是目前的计算机无法做到的，机器的理解要么是完全识别（比如准确定义颜色的 RGB 值），要么是毫无头绪。

---

① RGB 色彩模式是工业界的一种颜色标准，是通过对红（R）、绿（G）、蓝（B）三个颜色通道的变化以及它们相互之间的叠加来得到各式各样的颜色的，RGB 即是代表红、绿、蓝三个通道的颜色，这个标准几乎包括了人类视力所能感知的所有颜色，是目前运用最广的颜色系统之一。

人类具备生成概念的能力，而且概念是会演变的，这在过去的研究中还没有得到充分的重视。

生命本身也是演化而来的，这点是毫无疑问的。有一个经典问题是"先有鸡还是先有蛋"（图 2-1），这表面看起来是一个死循环的问题，好像在鸡出生前一定是由一只鸡蛋孵化而来，而鸡蛋前面必须有一只母鸡能下蛋孵化。这个问题之所以难以回答，是因为我们将鸡和蛋的概念固化了。以生命的进化过程来看，最先开始的鸡和蛋都不会是我们现在看到的样子，它们是经过了很多年的不断演化，才成了今天的形态，下蛋孵化的功能也是它们经过演化形成的。概念也具备这种演变的特征，是不停补充的，其发展方向也在不断调整。

图 2-1　先有鸡还是先有蛋？

人类在前进的过程中，把很多概念进行了美化甚至神化。我们对自己的认识就可以定义为一种概念，对神的认识也是一种概念，谁都没有亲眼见到过神却都可以探讨神的话题。还有一个概念是"无穷"（∞），我们看不见无穷，也不可能看见，但我们都不会怀疑其存在性。存在与不存在也是一组重要的概念。现在不存在并不代表将来不存在。比如计划中的蓝图，虽然当下还未实现，但在未来是可以被办到的，这种由我们创造出来的事物应该是被视为存在的。

"我"的概念就有些类似无穷的概念,它们都是可以演变的,而下文将提到"电子"的概念是相对清晰、确定的,这就是生命以及生命环境系统与物理世界最大的差异之一。

概念也是分层次和结构的。目前人类能够定义得较为完整的是在物理世界中的一些概念,但还不能达到彻底完整的程度。

电子,虽然已经有电荷、自旋、质量等来描述,但其实还不是完全清楚的概念。拉格朗日运动方程中体现的已经不是我们通常理解的粒子概念。严格地说,电子也不是粒子。对此,不同的物理学家会有自己的观点。

再比如纠缠态,量子力学可以描述这个过程,但不能说完全理解其概念本质。而在超弦学家眼中,物理世界又是另外一番景象。这些都说明了概念是动态变化的,而且越往深处挖掘,越是接近模糊的边界。即便是世界上顶尖的物理学家们聚集在一起,也会对这些概念产生争论。

电子的概念在物理世界中,应该已经算是定义比较明确的,但如果以西方学术的思维来看,还不是完全的、绝对的清楚。当然从科学的角度来说,可以进行分层次的研究,比如在化学角度,就无须过多考虑原子核内部的结构,只需要在原子层面进行理解分析即可。

科学家对物理世界的研究硕果累累,但在研究人类意识的层面上,我们几乎无从下手。这正是因为我们没有科学研究那么清晰的层次,人可以很轻松地、毫不费力地在各个层次(如果可以清楚定义的话)之间穿梭切换、来去自如。这种特点和量子力学有一些共通之处,因而也有人将大脑称作"量子大脑"。但两者最大的区别在于,人类大脑的活动层次可以自由切换,即使在一句话中,也可以涉及多个层次,并且是十分自然的,甚至是在没有意识到的情况下,人类就完成了这种多种层次的切换与滑动,任何固定的模式都会破坏这种动态模式。而这种切换,也是目前计算机无法模拟的。

在物理世界中,傅立叶分解能对任意的运动进行分离。傅立叶分解是一种分解方式,也可以使用小波分解。根据"基"的不同,可以有各种各样的小波,在不同的基下,不同的运动都可以分解清楚。傅立叶分解是正交唯一的,其他的分解方式可以不是这样。我们在研究人类语言的问题上，也可以采用类似的方式，比如采用一组基（单字或词），将其他的文字投影过来，虽然其中的过程很复杂，但这是可能的。在压缩感知（compressive sensing）的概念中，希望涉及的基数量最少，以此为原则进行优化。这种约束在语言处理中可能也存在。

概念是有层次的。以"无穷"的概念为例，有些人认为是"无穷"两个中文字符，有人认为是"infinity"，有人则对应成"$\infty$"符号，还有人认为是大于 $10^n$，等等。对于同一个概念，不同的人会有不同的认识，这些不同的认识综合在一起，指向"无穷"概念本身。

《马克思恩格斯选集》中提道："人不是单个的抽象物，在现实性上，是一切社会关系的总和。"这句话是在定义普遍意义下"人"的概念，而不是具体的某个人，意思是相关的这些因素都对人产生影响，都是人的一部分。对于"无穷"，也是如此。这些不同的认识因素构成了这个概念，无穷本身是这个概念组的顶点（或极限点），其他的认识因素都指向这个顶点，共同组成这个概念。虽然无穷的这个顶点是看不见、摸不着的，但大家都相信无穷的存在。人的意识，可以看作是人所有直觉的、精神活动的综合，意识本身也是一个顶点，其他所有对意识的认识也纷纷指向这个顶点。

再以"水"为例。有人认为水有种"冰凉"的感觉，有人觉得有"导电"的特质，在化学家眼中水又是纯净的、不导电的，有人认为水是小河、溪水，有人又首先想到了瓶装水、自来水，等等。每个人对水的形象化认识是不一样的，但这些都指向了"水"本身这个概念的顶点。奇妙而复杂的地方在于，当多个人交谈的时候，即便他们各自对"水"有不同的认知，他们在交谈过程中，仍能形成共识，并将他们的概念指向某一特定形象的水。比如化学家交流时，一般都是指化学实验中纯净的水，而不是河流湖泊的水。这个过程，就像概念本身是一个大的集合，但它在人与人交流的特定环境下能急速压缩，只留下大家达成共识的某种概念形象。这与量子力学又有了共通之处。量子在不测量的时候，一般是一个多状态的对象，而一旦被测量，它就塌缩到一个特定的状态。即便概念看起来与量子力学有某种联系,在我们的理论中也并不需要引入量子力学来理解人的意识。

虽然概念是很复杂的,但在确定了所在领域之后,可以越来越清晰。在此基础上,人与人是有差异的,但却可以交流甚至相互理解。我们认为可能的解释是,人是宇宙的产物,人与人之间既不是完全独立的,也不是完全相同的,认知膜相近的人彼此容易理解,认知膜隔阂远的则难以互通,这是可以理解的道理。我们认为宇宙也是可以证明且能够被理解的,最有力的证据就是人类能够改造、影响世界的能力越来越强。

我们经常说人与人之间有差别,本质上我们就应该尊重这些差异的存在。就算某一个个体的行为在外人看来是荒谬的、错误的,但从该个体的角度来看,也可能是合理的、正确的,是符合他自身发展需要的。比如,在物理力学上有牛顿定律,也有爱因斯坦的相对论,虽然我们普遍认为相对论更优,但对于某些人来说,可能只懂得牛顿定律比全部都懂来得更有益。很多规律是大众的、普适的,但对某些个体则不然,我们要承认并允许这些非普遍的情形存在。这样也会产生一些问题,当某个特别的个体与其他个体或外界产生关系时,碰撞是必然的,也容易产生矛盾,但是为了沟通和联系,这个个体就需要与其他个体找到共同点。

概念从何而来?为什么我们会认为概念是如此的真实?这些都是需要进一步考虑的问题。概念不仅能快速传递、让群体认同,更关键的是它能让我们再发现。《礼记·中庸》:"执其两端,用其中于民。"郑玄注:"两端,过与不及也。"有了"两端"之后,"两端"中间可以填充很多内容。比如,有"小"的概念,我们能够发现的不只是"大",也可以是更小的"微小"。再比如"正"与"反"是一组反义的概念,"正"与"负"也是一组反义词,"正"与"邪"又是另一组反义的含义,概念能帮助我们扩张认识的维度,也就是说新的概念对应的另一面不仅只有一个,就像是"自我"既可以向外延伸,也可以向内探索,都可以发掘新的内容。每个新的概念都可以看作是物理中的"基本粒子",能够与我们已经认知的概念碰撞、结合,产生新的内容,进一步丰富我们的认知体系。

我们在研究人类是如何形成概念时，首先考虑的是认知如何与概念相结合。在人脑中，外界事物与它在大脑中的映射实际上相隔了很多的层次，但奇妙的是，即使事物发生细微的改变，大脑也能迅速做出调整。比如打高尔夫，第一杆打偏了，人会立刻进行调整，有可能下一次就进洞。其中的过程可以非常复杂，就像我们控制肢体做一项动作，完成的具体方式、路线可以非常多，但我们只需要关注达到的效果即可。这就是人与机器的差异，现在的计算机一定要将过程中的每一步计算清楚，才能完成既定的任务，但其实我们应该保留中间过程的复杂性，只需要达到我们预期的效果就足够。

西方哲学世界认为一定存在一个绝对真实、正确的客体（本质、理念或绝对真理）。原来对概念的理解，可能会认为先有一个概念的顶点，但我们认为这种绝对的存在对概念的产生并非必要。例如，当我们第一次看到杯子的时候，会自然地将其与已知的概念进行比对，我们发现它是一个全新的物品，即便和某些已知的东西（比如碗或桶）有相似之处，但我们认为赋予它一个新的概念会更合适，于是当我们将它定义为杯子。这一新的概念并不单单是这个新物体本身，更重要的是它与其他我们已知概念的差别，这些差别使得新的概念具有独特性。

滑动性和概念是缠绕在一起的，也是人类创造、幻觉和精神世界的重要来源。人类运用有限的知识去看待世界，常常需要用到通假或类比，即通过一个已知的概念或知识去描述解释另一个未知的概念。"通假策略远非仅仅是一种文学上的转喻，它是类比或关联思维的必然产物……通假就是在我们正在进行的再造世界的过程中，借助于语音和语义的联想，对表述我们的理解、解释和行为的术语进行重新定义。"①这种类比思维或关联思维，正是人类智能具有滑动性的表现。我们通过通假等方式，一方面能够快速对新的概念或知识形成观念，奠定了理解的基础；另一方面能够通过新的概念加深我们

---

① 安乐哲．和而不同：中西哲学的会通．北京：北京大学出版社，2009，pp. 134－141.

对原有知识的理解。

自然科学能够将物质分成电子、质子，但我们也可以换一种方式来看：这些物质其实是一个整体，但可以通过某种方式被分割开，就像是用经典的方法来看待量子物理，将粒子隔离开来成为个体进行测量一样。类似的，我们可以认为生命开始不以个体的形式存在，与万物密切联系，只是生命在推进的过程中，产生了自我意识，进而将自身与其他部分隔开，逐渐形成个体。

概念并不是一开始就很固定、很精致的。刚开始可能很空洞很模糊，随着外界的不断刺激，经验的不断积累，概念的含义才逐渐清晰，包含的内容越来越多，概括性也越来越强，发展到一定阶段才形成一个很好的概念。这个概念又会帮助我们深化已有的认知，经验进一步积累，如此迭代发展。包括生死的概念，实际上生和死的边界并不清楚，但一开始我们只需要简单区分生和死，随着经验的积累，这个概念才逐渐变得精巧。因此，概念的本质并不是抽象出来的，而是在对比、区分中产生的，是先有概念的框架，然后其内容才被不断地填充。比如，我们是先有"白"的框架，然后随着经验的增长，用各种各样的"白"丰富这个框架，而不是我们从一堆白色中间抽象出一个理想的白。这些概念都是从区分"自我"和"外界"的概念开始的。

身份/视角的转换是想象的根源。比如"罗辑思维"曾推送的一篇文章说"孩子都是哲学家"，文章作者提到四岁的女儿与母亲的对话。[①]

> 女儿问："天上有什么？"妈妈答："云。"
>
> 问："云后面呢？"答："星星。"
>
> 问："星星后面呢？"答："还是星星。"
>
> 问："最后的最后是什么？"答："没有最后。"
>
> 问："怎么会没有最后？"妈妈语塞。

从这段简单的对话中，我们可以发现孩子的"无穷"的概念已经形成了雏形。其实，做父母的只要留心，就会发现自己的孩子也问过类似的问题。这

---

① 周国平. 孩子都是哲学家. http://ljsw.okyhm.com/archives/1457.html.

类问题之所以回答不了,原因不是缺乏相关知识,而是其内涵仍旧超越了目前人类认知的范围,可谓"终极追问"。这也正是哲学问题的特点。麦克斯·缪勒也曾说:"宗教,就是一种领悟无限的主观行为方式。""无限"首先就是对于"有限"的一种否定,而有限恰源自人们对现实生活的直观感受。我们的概念知识完全建立在感性知觉的基础上,所以也只能涉及有限物。但是,由对于有限的认识发端,我们可以产生关于无限的概念。

同时这也说明,人类思维还有一个非常重要的特质,就是外界哪怕只提供少量的信息,我们的大脑就能依此产生非常丰富的内容。

比如《庄子·天下篇》中提到的"一尺之棰,日取其半,万世不竭"(图 2-2),这和上文中小女孩提到的"最后的最后"一样,是全凭想象得来的结论。我们可以拿一根木棍,今天对折取一半,明天继续折,我们能看到的或者实践的,肯定是有限的次数,但我们能够想象到的是无限的内容。

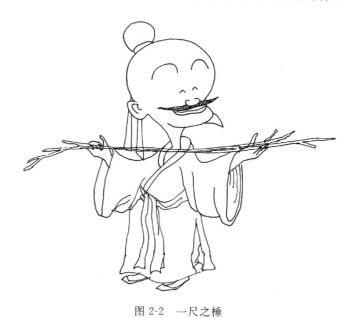

图 2-2　一尺之棰

小时候,很多人都常常从长辈那儿听到"从前有座山,山里有座庙"的故事(图 2-3)。年纪还小的我们听到的或者讲述的一定是有限的次数,但我们却能毫不费力地联想到这个故事可以无限循环下去,然后和长辈们一起哈哈大笑。照镜子的时候也类似,眼睛里还有一个我在照镜子,通过这个图像也可以让我们想象到无穷。

从前有座山,山里有座庙……

图 2-3　一个没有尽头的故事

简而言之,利用思维的跃迁,人们从有限中感悟到了无限。尽管我们心中无限的概念在物理世界中还是用有限的东西表现出来的,但人人都可以感受到那种无限的存在,这种感觉还能够通过语言在人与人之间传递。这就是思维的跃迁给我们带来的好处。

想要整理一套人类认知的逻辑学,我们认为可以从语言入手,通过研究各种语言的修辞手法,比如比喻、拟人等,就能够用一个概念去解释另一个概念。

20 世纪 60 年代,美国麻省理工学院的学者就研究过各种语言中的颜色。有意思的地方是,这些语言中,颜色的发展可以划分为五个阶段,最先区分开的颜色是黑和白,第二个阶段一般是红色,然后依次丰富下去。这是人类认知的二元结构的映射。

我们讲的方位、自然数,都是这样发展而来的,先有一个对立的、极端的二元结构,再通过不断地剖分使得概念在不断细化的过程中逐渐得到丰富和填充。比如方位词的进化过程,可能最开始只能简单地从自己的视角出发,能分辨出“左”和“右”这两端。随着对太阳月亮运动轨迹的观察,能够区分并定义了“东南西北”的方向,及以自己为起点的“中”。在此基础上,进一步细化出“东南”、“东北”等更多的方位词。

自然数的产生也有相似的过程。直到现在，仍有一些部落没有发展出数字系统。在人类没有产生数字的概念前，他们可能最多简单地标记出 3 以下的数字，超过 3 的数量对他们而言都是"很多"，因此形成了最少有"一"个和"很多"个的观念，在这两端之间，可以通过绳结或石子等工具，逐渐填充出连续的数字，随即产生自然数的雏形。

"我"和"非我"也是一对概念。有了"非"的概念之后，人类就开始掌握逆向思维，能够从相反的方向考虑问题，创新也随之诞生。

# 第三章
## 语言的留白

语言的本质是要表达"自我"与"外界"的"关系"。在此基础上，我们提出的语法框架的基本要素是一个"主谓宾"三元结构的陈述句（可以理解为语言的意旨），其他表达方式都是这个三元结构的变异体（fission），比如加入倒装、情绪、强调等表达方式，使得语言的形式变得更加丰富。

语言反映的是人认知的规律，这个规律先把东西抽象出来，合并、简化，形成新的单位，再进行有效的沟通和表达。

语言最重要的动力就是表达，抓住自我与外界的关系。语言具有创新的属性，比如"救火"、"哭鼻子"、"闹别扭"、"打辩论赛"还有"乐开了花"等。

认知对语言的影响是有据可查的。由于视觉是人类认识世界最重要的方式之一，在语言中与视觉相关的词汇非常丰富，如颜色、光亮、层次、范围等，而与嗅觉相关的词语却没有那么多。所以，试想一下，如果狗也有词汇，它们的嗅觉词汇一定比视觉词汇多得多（狗的嗅觉灵敏，而视觉只限于黑白灰）。

如果能够同时满足两个条件：抓住主要特征、鲜活，即使不符合语法规则，也能被广泛地接受和使用。如表3-1所示。

表 3-1　部分可以接受与不可接受的语言表达示例

| 示例 | 接受/不接受 | 示例 | 接受/不接受 |
|---|---|---|---|
| 抽烟斗 | 接受 | 看望远镜 | 接受 |
| 听耳机 | 接受 | 看眼镜 | 不接受 |
| 甭林黛玉了 | 接受 | Long time no see | 接受 |

语言可以看成是一种工具，让我们更加清楚地认识环境，并且表达出来。这就好比三角函数，可以用来丈量土地。数学符号也能用来表达我们的思维逻辑。

如果没有语言，人类认知世界就不可能这么深入。人们常常说外语是一种工具，那是站在通过掌握外语和不同文化背景的人交流、沟通的角度上看。而我们的论点是：语言本身的涌现，是作为一种工具而存在的，这种工具是帮助人类认知世界的；反过来，语言又影响人类对世界的认识，通过语言的过滤（filter），会某种程度上改变人类自身的认知。

比如之前提到的"救火"和"哭鼻子"，实际上是人类的一种创造行为，虽然看似不够符合逻辑，但通过人类语言的过滤作用，抓住了事物的本质特征，创造出了大家都能够理解、适合广泛应用的概念，与最初的对物质世界客观表述相比，产生了巨大变化。从认识的角度来看，有没有语言会影响我们认识世界。

语言本身有趋同性。在组织内部，为了大家能够相互沟通理解，会存在达成共识的某些规则。语言也具有趋异性。不同的组织，彼此之间有强烈的意愿区分开来。这些都是我们已经观察到的语言现象。

对于一般人来说，即使不深入研究语法，也可以自然地运用语法，这个现象说明了语言的核心应该是一条简洁的路径，而不是像语言学家描述的那么复杂。语言在本质上还是指向了跃迁性，即思维容易从一个领域变化到另外的领域，但这样的变化并不是毫无道理，而是有一定联系的。

北京大学陆俭明教授曾举例说明"打"字在排球赛中有很多种用法和含义。我们也能发现"踢"字在足球中的用法与之类似，但个别用法不同，比如不能说"打队长"或"踢守门员"。我们有很多时候用"搞"字，比如"搞生产"、

"搞管理"、"搞东搞西"等。这些词有助动词的作用,与英文中的 do 或 make 类似。此外,"做二传手"和"打二传手"在表达的情感上也有区别:用"打"字更为鲜活、更富有动感。

再比如"救火"一词,乍一看大家都能明白其中的含义,但仔细想想,似乎逻辑上不匹配。我们可以想象,因为失火了,需要救人、救财物等,对象非常宽泛,如果我们要表达这样笼统的概念,"救火"一词才是真正抓住了要点,也囊括了对抗火灾的一系列活动。

有意思的是,人们并不说"救水"。我们的理解是,水灾是无法阻挡的,因为人类可以扑灭火苗,但水的根源却难以阻断。相比之下,"水"的问题更像是一种病,更加令人头疼,因此才会有"治水"这一说。

例如"挖洞"一词,是表达挖地要挖出来一个洞,这个词包含了当前的动作和预期的结果,类似的还有"挖房子"、"挖金子"等。

正是人类在语言的创造中运用了大量的智慧,把握了其中的核心特征,才有了我们通用的这些词汇。

中英文中都有词类活用的现象。例如,在汉语文言文中"天下苦秦久矣"(《史记·陈涉世家》)中的"苦",因带宾语"秦",意为"(对秦王朝的残暴统治)感到苦恼"。在现代汉语中,我们常用的表达有"方便群众"、"丰富文化"、"充实生活"等。在英文中,动词的分词形式一般用作形容词。比如:do 表示做,done 作为过去分词还有做完了的意思。此外,比如"I okay the proposal"。

中国古代文献中经常出现"通假"。

> 司马牛问仁。子曰:"仁者,其言也讱。"曰:"其言也讱,斯谓之仁已乎?"子曰:"为之难,言之得无讱乎?"[①]

安乐哲认为,对于一个词语的非推理式的定义是通过挖掘相关的联系,甚至是从这个词语本身在语音或者语义上暗含的一些看似非常随意的关联

---

① 见《论语·颜渊篇第十二》。

来进行的①。这种关联的发掘的成功与否以及由此而获得的意义的多少，取决于这些关联的联系程度，一些容易变化的关联与其他关联相比就更能刺激想法，产生更多的意义。在上述的例句中，孔子就能在"仁"（权威的行为）和"切"（谨慎而谦虚的言说）的关联中创造出意义。

英文单词的构成大多有一定的规律可循。很多词语可以拆分成词根、前缀、后缀。比如 able，加上否定前缀就变成了反义词 unable，也可以是另一层含义的反义词 disable，加上名词后缀变成了名词形式 ability，加上动词前缀变成了使动词 enable。只要给定了词根，我们就能够创造出衍生的词汇，而新产生的词语又会随着人类赋予的意义的不断增加而继续演化。

这些语言现象都是人在认知过程中逐渐表达出来的，是人类认知规律的反映，尤其能够映射出人类思维滑动性的特征。很多时候语言的表达都把复杂的部分省略了，我们需要强调的就是这些省略、倒装的部分。

英文和德文中，字的顺序是比较严格的，而相比之下中文的语序规则就比较宽松，而且有很多成分可以用来修饰句子的语气。比如"请把那本书拿过来"实际上想表达的就是"拿书"，但我们可以添加"请"、"把"、"过来"等来充实整个意思，使之符合我们想要表达的语气。

再比如吕叔湘说："这事儿我现在脑子里一点印象也没有了。"他将此句划分出了五重关系。实际上这句话是要表达"我忘记了这事儿"的意思，把"这事儿"放在句首，起到了强调的作用，"我"、"脑子"可以看作双主语，也可以理解为"我的脑子"的从属关系，两种方式皆可，也不必要分清楚到底是哪一种，因为不会影响理解整个句子。倒装、双主语以及虚词（"也"、"了"）协调了整个句子表达的重点含义和情绪。在中文里，词序变动、成分省略、感叹词或感叹符号（!）的运用非常灵活，更像是修辞方面的内容，而非语法的核心部分。因此，我们在学习汉语语法的过程中，不需要引入过多过于复杂的概念，也不需要把词语的词性规定得过于死板，重点在于能够通过语言表达清楚

---

① 安乐哲. 和而不同：中西哲学的会通. 北京：北京大学出版社，2009，pp. 128-129.

"自我"与"外界"的"关系"。

Huth 及其研究团队将常见的 985 个英语单词和对应的大脑区域进行了可视化研究,发现一个词义往往与多个词语反应类似,佐证了我们在语言研究中的发现,即一个概念或意思是与多个具体词语相关的。

(1) 词汇分布在大脑四周,并没有一个绝对的语言区域。

(2) 意义相关的词语(譬如说"妻子",和其他描述社会关系的词语"家庭"、"孩子"等)所激活的大脑区域很相似。

(3) 令人惊讶的是,这个研究也发现,这些与词义相对应的区域是双脑对称的。换句话说,这和过去一直以为的"左脑负责语义"这个认识相驳。

(4) 做大脑成像研究,最令人沮丧的就是人与人之间的差异。像这样细节度这么高,还是全脑扫描,而且还是听觉相关的语言研究,画这样的图特别难。而这个研究发现,这份大脑词汇地图在人与人之间一致性很高。也就是说,你在这个人脑子里看到"四"的位置,和在另一个人脑子里看到"四"所对应的位置基本一样。这让这个研究更有可靠性。

虽然每一种语言的语法规则都是有限的,但人们运用语言的方式却是无限的,因而语言现象也千奇百怪,可我们让机器理解语言都是给机器设定有限的语法规则,因而一度遇到瓶颈。

莎士比亚的经典作品经常出现不符合语法规则的词句,却不妨碍人们的理解,有些更是被人们奉为经典名句,这体现了语言的美丽和莎翁的才华。可是,这些语言现象难倒了机器。面对不按套路出牌的人类,有限的语法规则能理解的语言实在有限,更不用说理解这类优美词句了。

近年来,用统计学方法理解人类语言占了上风,但统计学依旧无法处理当代的小众的语言现象,因此机器依然难以跟上人类运用语言的步伐。

大脑思维的跃迁使得人与人能够自如地理解彼此的话语,能够自如地使用和创造语言而不受语法规则的限制,更能创造出很多优美的词句。正是思维的跃迁使得人的语言使用充满想象与浪漫,也使得人类社会更有"人情味"。

你对一台机器说"今晚的月色很美",机器只能将其理解为对于天气或自然现象的评价,却不知在日本,这是一种表达"我爱你"的经典方式。而在中国,这也有可能是顾左右而言他的一种插科打诨。

曾经也有一个关于福尔摩斯与华生的笑话(图3-1)。说福尔摩斯和华生曾去露营。半夜,华生被福尔摩斯叫醒。福尔摩斯问道:"华生,你看到了什么?"华生仰望星空,诗意地回答说:"我看到了浩瀚的星空!"福尔摩斯激动地说道:"笨蛋,我们的帐篷被偷走了!"华生就事论事,的确是在认真地回答福尔摩斯的问题,可是他没能听出福尔摩斯的言外之意,更没能从现象中联想到此时的处境,才有了这样一个笑话。

笨蛋,我们的帐篷丢了!

图 3-1　露营趣事

因为思维的跃迁性,人能够不受语法规则的限制而创造出个性化的语言,甚至每年创造出一些不符合语言规范的"热词"。人与人还有彼此理解和体会的含蓄,能够有默契而心照不宣地玩笑,这些都是现在机器无法实现的瓶颈。这本质上也是哥德尔不完备性定理的一种体现。有限的语法规则下,总有超越这种规则的语言现象存在而不能被现有的机制覆盖。这种由思维的跃迁带来的语言的浩瀚与优美,目前还是人类独有的。

# 第四章

# "相安无事"的矛盾

真正的物理学可以说是从"日心说"开始的。现在看来,"日心说"与"地心说"并没有绝对的对错之分,因为参考系可以层层叠加,不管哪一种参考系都可以正确计算出行星的轨道与周期。但在当时的历史条件下,"日心说"可以大大简化框架,这样才能推导出开普勒三大定律,进而才有了牛顿万有引力定律(见图 4-1)。

图 4-1　万有引力定律的发现历程

在光学的发展中,牛顿曾通过棱镜实验对光进行研究,他认为光是粒子。惠更斯通过研究则认为光更像波。到了爱因斯坦时代,他又回到了光的粒子性。现在,量子力学认为光子具有"波粒二象性",两种矛盾的性质可以共处。这个例子也说明,人类能接受矛盾概念的共存,而矛盾之点就是创新之处,量子通信与量子计算正是发轫于此。

人类对物理世界的认识相对比较清楚,因为我们能够引入一些物理量、物理概念来理解物理世界。这些引入的物理量需要经过严格定义,比如物理中有"粒子"的概念。电子、质子都属于粒子,我们可以对这些粒子进行测量。

由于不同参照系之间有严格的转换关系，因此不管在什么环境或者参照系条件下测量，任何人观测到的结果都是一样的。

再以质子为例，任意两个质子的性质是完全一样的，即使两者交换，对物理世界而言也毫无影响。这个例子在基础物理中可以通过几个方式证明。一个是泡利不相容原理（Pauli Exclusion Principle）。针对费米子这种自旋为半整数（1/2, 3/2, 5/2...）的基本粒子而言，泡利原理认为它们是不能占有相同状态的（即一个量子态只能被一个粒子所占据），也证明了它们是完全相同的。

在量子统计领域中，"玻色—爱因斯坦统计"和"费米—狄拉克统计"也都假定了粒子的不可分辨性。此外，在量子中的纠缠态（Entangled State），也从另一个的角度说明了粒子是不可分辨的。比如两个粒子在同一状态下制备出来后，即使相隔很远彼此还是相互联系的，这也是因为不可分辨性才会有纠缠。而在经典力学中，粒子被描述为可分辨的，所以在玻尔思曼统计中的结果与量子统计结果不尽相同，但量子统计的结果在多个实验已经得到验证，因此可以说，粒子的不可分辨性是经过验证的。

虽然物质世界存在实在论与非实在论的争论，但我们不必陷入这种争论之中，因为人类起码对于粒子的理解是比较清楚的，并且可以很好地进行描述。即使电子的运动轨道等细节不能准确定义，也并不妨碍我们对于物理世界的理解，且电子的电荷、自旋和质量已然非常明确。

相比之下，人类或生命的组成是更加复杂的系统，并且涉及大量的粒子系统，因为即使是组成生命的最小单位（细胞）也拥有大量的粒子。且不说粒子的组合或空间结构的复杂性，仅计算这些粒子的数量，其复杂性就非常庞大了。

热力学系统是多粒子系统中最简单的一类，其中一种极端的情况是热平衡状态（熵值趋于最大）。虽然生命过程本身不会违反热力学，但与生命有关的系统是远离热平衡态，无法仅用热力学来解释。生命现象的复杂性如此之高，目前还没有一个好的度量。

热力学中有一个吉布斯悖论，不同物质的混合，混合熵的计算数值是一定的,无论两种物质 A 和 B 仅仅有些微差别还是差别很大。当两种物质仅仅有些微差别时混合过程仍然有所谓混合熵。当两种物质完全相同时混合熵的计算数值为零。混合熵随 A 和 B 的相似程度的变化是不连续的。对这个悖论的解释是:当气体不同时,不论不同程度如何,原则上是有办法把它分开的,因此混合有不可逆的扩散发生。但如果两气体本来就是一种气体的两部分,则混合后是无法再分开复原的。这在理论上并无矛盾。对吉布斯悖论中的混合熵随 A 和 B 的相似程度的变化的不连续性有多种解释。真要解吉布斯悖论就必须证明混合熵实际上是连续变化的。

麦克斯韦妖[①](Maxwell's demon)可以视为另一个在物理学中尚未完善解答的悖论。它是英国物理学家麦克斯韦 1871 年为了说明违反热力学第二定律的可能性而设想的。麦克斯韦提出:一个绝热容器被分成相等的两格,中间是由一种机制控制的一扇活板门,容器中的空气分子做无规则热运动时会撞击门,门则可以选择性地将速度较快的分子(温度较高)放入其中一格,将速度较慢的分子(温度较低)放入另一格,这样,两格的温度就会一高一低。麦克斯韦认为,整个过程中使用的能量就是"分子是热的还是冷的"这一信息。理论上,活板门消耗的能量也是非常少的。

经典物理认为两种气体是可以分得清楚的,而量子力学中是全同粒子。在微观层面上,不同的粒子不能算作全同,全同粒子也不能找到差别。但在生命的层次上,是可以混淆的。比如,我每天都有吃水果的习惯,那么我昨天吃的苹果,和我今天吃的苹果,对我来说功效是一样的,或者我明天要吃梨,对我而言它和苹果的意义依然一样。意识只能在宏观的层面产生也是这个道理。

在物理学的探索中,人类可以说是非常幸运的。行星轨道(二体问题)有解,验证了牛顿万有引力定律,而氢原子在薛定谔方程中有解,至此量子力学的正确性得到了验证。

回顾物理学的发展史,我们可以看到理论总是不断地被证伪,同时也总

---

① 麦克斯韦妖. https://zh.wikipedia.org/wiki/麦克斯韦妖. 维基百科,2016 年 1 月 10 日.

是能看到新的更具有普遍和一般性的理论的诞生。尤其是在伽利略之后，物理学的进展非常之快，每一次的进步都意味着某种方式的统一。我们在一个更底层基础上，将一些已知的现象用统一的理论来解释。其中一次进步就是牛顿的万有引力定律。之所以叫"万有引力"，是因为该定律统一了天上与地上的运动，发现了所有物体之间都有相互作用的引力，地球上的引力与行星运动受的力是同一种力。这是物理学历史上第一个重要的统一理论。

到了电磁学时期，我们发现了电能产生磁，磁也能产生电，最后由麦克斯韦集大成形成了电磁学的统一理论——麦克斯韦方程组。在研究过程中进一步发现了光是电磁波。这是一项非常重要的发现。因为只有了解了光，我们才能够深入到微观世界。在微观世界中，一切活动都是由光来完成的，比如核电辐射、光电效应和氢原子的光谱等，是这些研究引出了对量子的发现。

第三次重大进步是爱因斯坦时期，他发现在电磁学中，牛顿力学中所隐含的伽利略变换是不成立的，时间和空间通过光速联系在一起，都不是绝对的。修改了伽利略变换，相应地就要修改牛顿的万有引力定律。爱因斯坦从等效原理（惯性质量和引力质量相等）出发，最终猜出了广义相对论的引力场方程。前一段时间发现的引力波，就是该方程的一个预言。爱因斯坦后期一直寻求大统一理论，希望能将万有引力与电磁学统一起来，但并未成功。"超弦理论"作为当今非常重要的理论，也是试图进行这种统一，但尚未得到公认。

中西方文化一直存在着较大差异。不断有各种学科背景的人士从多个角度提出自己的分析和看法。有人认为，中西文化的差异在于西方注重分析，而中国注重综合。表面上看是这样，但从物理学的发展路径来看，我们认为中西文化的差异更多体现在对质朴性（simplicity）的追求上。

物理学中对质朴性的追求，最早可以追溯到牛顿，他曾经讲过："真理从来都是存在于质朴性之中，而非源于事物的多样性或混杂。"（Truth is ever to be found in the simplicity, and not in the multiplicity and confusion of things.）而这一追求到爱因斯坦时被发挥到了极致。这并不是说中国就没有追求质朴性,比如"阴阳"就是一个非常简单的框架。只是西方对质朴性的追求更深一层。犹太人因为反对埃及文明的众神偶像崇拜而创立了一神教,以抵抗当时异常恶劣的生存环境。从犹太教中又分化出了基督教和伊斯兰教。西方世界为判定谁才是那个"唯一真神"可以打得头破血流,这在中国传统文化看来可能是很荒谬的。但正是一神教的出现,使得西方人更愿意相信任何现象的背后必然有一个终极原因而不是一堆复杂的表面因素。为此必然要刨根问底。这种精神在科学研究中就表现为对质朴性的追求。相比之下,中国没有经历过这种洗礼,对终极原因的追求并没有那么执着。比如,用雷公电母来解释雷电现象,长期以来古代中国人觉得是可以接受的。

也有人认为中西方更重要的差异在于逻辑自洽。但实际上,逻辑自洽并不比质朴性更趋于本质。举例来说,光到底是粒子还是波动? 这一问题困扰了人类数百年。最早牛顿提出光是粒子,可是后来惠更斯发现光具有波动性,到了爱因斯坦又认为光是具有粒子性的。现在我们认识到光具有波粒二象性,虽然粒子性和波动性似乎互相冲突,但在光学中都能成立。由此观之,逻辑自洽并不一定是必要条件。再者,牛顿方程中时间是可逆的,我们把时间和空间都倒过来,牛顿方程仍然成立。热力学第二定理却告诉我们时间不可逆。这两个定理的冲突如此明显,但我们依然同时接受牛顿力学和热力学。后来出现的量子力学中时间也是可逆的。物理学家为了调和类似矛盾,提出了各态历经理论,它能证明即使在足够长时间后,系统能够回到足够接近当初的状态。

物理学中,逻辑上很难自洽的一个重要问题是量子纠缠。最初源于爱因斯坦反驳波尔学派理论而提出的 ERP 悖论:假如量子力学是对的,那么就有超越时空的现象。如果两个粒子一开始互相纠缠,不管距离多远,都可以通过测量其中一个粒子的状态得知另一个的状态,这明显违反因果关系和狭义相对论中信号传播速度不超过光速的原理。为了进一步研究这一悖论,贝尔发现了一个不等式,后来实验证明贝尔不等式不成立,量子力学并没有问题。量子力学方程最早是由薛定谔猜出来的,彼时我们甚至不知道波函数的物理意义，但严格求解的氢原子问题与实验数据完全吻合。量子纠缠很难在原来物理框架内得到解释，但我们现在可以基于量子纠缠进行量子通信。量子纠缠可以理解为在量子状态下全同粒子间的关联无时无处不在，是超越时空的特性。我们需要解释的是，粒子间的去相干（经典性）是如何发生的。

如果将现代科学看作一个生命体，那么质朴性就是这个生命体的内核，但只有内核还不足以让它健康延续和发展，还需要不断涌现和汇聚的资源来供养。现代科学发端的时机与地理位置十分重要。借助于一个财富水平相对较低并处于一个上行的历史时期的文明载体，现代科学的崛起才能成为可能。我们认为这才是解答李约瑟难题①的要点。

那么，追求质朴性有什么意义呢？在追求它的过程中，我们能够收获新的发现，提出新的理论，这一点甚至超过了可证实性和可证伪性。波普尔提出"一个科学理论必须满足证伪性"。但我们可以看到，日心说和地心说都可证实却不可证伪，把这两个理论做到极致，都能预测金星、火星出没的时间。只是在当时的历史条件下，日心说能够大大简化天体运动，减少天球数量，构建更简洁的椭圆运动模型。可以说，有了日心说，才有了开普勒定律以及牛顿万有引力定律，进而才有完整的牛顿力学体系，人们由此才可以理解天上地上运动，才有了人类理性原则的升华。质朴性并没有严格的定义，但它的内涵在于：用最简单的道理或公式来描述事物的本质。相信这一点人人都能理解。比如，爱因斯坦的广义相对论对于普通人而言在数学模型上难以理解，但其实它的理论底层非常简单，那就是等效原理。有了等效原理这一核心理论，数学结构和方程式就容易产生和解释了。

物理学的发展路径就是这样贯穿而来的，出于对质朴性的执着追求，物理学每向前追求一层，就会取得一次重大的进步。那么，在哲学世界会不会也有类似的现象呢？

---

① 为何近现代科技与工业文明没有诞生在当时世界科技与经济发达的中国，而是欧洲。

# 第五章
# "逼出来的"问题和答案

　　勾股定理是毕达哥拉斯或是他和他的弟子们最伟大的发现,由此而衍生出来的几何学对西方哲学和科学方法产生了深远的影响。几何学从自明的(self-evident)公理出发,经过推理演绎,可以证明那些远非直观的定理。

　　欧式几何是最开始也是传统意义上的几何学,平行公理、角公理和圆公理等五大公理作为整个欧式几何的基石,都被认为是自明的,它们都无法用逻辑去证明却没有人怀疑其正确性,尽管后来人们发现五大公理只满足其中部分便可以衍生出另一些自洽的还非常有趣的几何体系,即非欧几何,但那也只是后来人们的一种探索和尝试,并未撼动整个五大公理的根基。

　　几何学讨论的严格的圆,是一个我们无论如何都无法画出的真正完美的图形。但我们做复杂的几何题的时候,图不一定画得标准正确,可这始终不妨碍一些几何性质的正确性,更没有影响我们运用基本的几何定理去证明一些更复杂的命题。

　　这仿佛在告诉我们,一切严格的推理只能应用于与可感觉的对象相对立的理想对象。由此,人们便设想思想高于感官而直觉高于观察。这是毕达哥拉斯学派在意识到这些后提出的观点。我们在形而上学和经院哲学中,都可以找到这种观点的影子。再往后我们还能看到康德关于"经验"与"先验"的探讨。理性主义的宗教自毕达哥拉斯开始，尤其是柏拉图之后，一直都被数学方法支配着。

根据我们之前对概念的探讨，我们知道，最开始人类的计数系统远没有现在那么复杂，很多原始部落的语言中可能只有"一"、"二"和"很多"的概念。因为当时的物质并不富裕，人们并不需要计量、说明、记录比较大的数目。可是当物质开始富裕以后，需要一个更精确、更大型的符号系统来记录生活，人类便利用"加"的概念逐渐衍生出了"自然数"的概念。这是一切数学的基础。

有了自然数的概念，人们在饲养家禽、行军、交易等活动中，自然而然涉及解线性方程的问题，这个时候古希腊人就利用自然数产生了有理数的概念（即数字能够通过自然数的比例表示）。

为了解决土地丈量等问题，几何学诞生了，人们发现了勾股定理，这时就需要有二次方程，进而无理数也得到了发现和定义（无法由两个整数相比来表示的数字）。二次方程不仅有无理数还有虚数的问题（$i^2 = -1$），进而人们有了复数的概念，这些与三角函数有紧密的联系。另一条路线中，二次方程、三次方程和四次方程，都可以找到通解的形式，而到了五次方程时就没有通解了，于是有了群论。如图 5-1 所示。

图 5-1　数域拓展的部分过程

数学中概念的演化也反映了思维的跃迁。人们一开始关于数的概念是离散的，但经过一系列的剖分之后却变得连续，甚至是多维度的。

人们一开始只有整数的概念，整数经过剖分之后产生了有理数。可是数学家们发现有理数充其量只是数轴上的一系列可数的点集，在有理数之间还有许多的空隙没有填满。终于，无理数的发现成功地将实数完整地映射到了一个数轴之上。

这种概念的不断细化反映了人类历史上非常多的思辨过程,也是思维跃迁性的表现。对于一个问题,人们一开始可能只有一个简单的理论框架,但经过众人长时间的思考和讨论,这个框架被逐渐丰富,甚至还有新的理论框架被建立起来。物理学如是,哲学亦是如此。

说到这里,肯定就会有人想问了:人类在进行这些概念发现或概念创造的过程中,标准是什么呢? 我们认为就是追求"圆融"的状态。面对新的领域,我们认为如果看起来合理,这些概念就应该存在。并且,我们发现,如果承认了它们的存在,到头来能简化很多问题。我们对世界的认知和探索就是一个延伸的过程,从简单的有限的起点开始,慢慢走到今天,未来还将继续,目的就是为了更清楚地认识世界。在这一系列的推进中,对很多概念我们其实都无从检验,但仍然相信它们的存在。

极限理论的产生使得整个分析学变得完整,在简单的定义之上,人人都能基于极限的定义产生一个感性的认识。所谓"无限逼近"在物理世界中还是只能用有限来表示,可是我们在脑海里却能想象出"无限逼近"的样子。基于感性认识加强了我们对于极限的理性认识。

真正的"无限"其实只存在于我们的脑海中,我们在物理世界中感受到的都是有限的实体,这种由直观感受带来的感性认识通过思维的跃迁加强了我们对于概念的理性构建,使得"无限"通过严密的数学语言得到定义和表示,"极限"也因此而得到了严谨的解释。

基于"极限"的定义,"无穷"也被明确地定义出来。正是柯西用数列极限的观点对微积分的一系列基本概念进行了重新的定义,才使得导致第二次"数学危机",数学家心中百余年挥之不去的那朵乌云——无穷小量被真正解释清楚。

从最简单的几个基本公理,可以推导出一整个数学的大厦,数学逻辑可以从简单的结构中衍生出非常复杂的结构。这样的结构不仅存在于几何学,还存在于数学的方方面面。数论亦是一个例子。

我们都知道素数有无穷多个,可是对于一些有特点的数的分布问题,比如孪生素数猜想,却可以十分复杂。人们目前也只能不断地精确对于分布的估计。目前中国数学家张益唐做出的结果是最优的。再比如"黎曼猜想"。黎曼发现素数出现的频率与黎曼 ζ 函数紧密相关:黎曼 ζ 函数 $\zeta(s)$ 非平凡零点(在此情况下是指 $s$ 不为 $-2$、$-4$、$-6$ 等点的值)的实数部分是 $1/2$。即所有非平凡零点都应该位于直线 $1/2 + ti$("临界线"critical line)上。$t$ 为实数,而 $i$ 为虚数的基本单位。至今尚无人给出一个令人信服的关于"黎曼猜想"的合理证明。

人们会从简单之中发现复杂,再从复杂之中探寻一般规律,这也是思维的跃迁给人类带来的妙处。而探寻和思考的动力,正是自我肯定需求。

这种由简单变复杂的数学大厦建构的过程,让人们对于无限和有限又有了新的理解和认识。

人们对于数学总有着一种近乎神秘的信念,即对于这些数学定理和规律的真实、清晰并且永恒存在的笃信和追求。这样一种追求其实也还是源自自我肯定的需求。无限与永恒在轴心时代就已经在人们心中扎下了深根,因而自古希腊哲人们开创几何学开始,人们对于数学的探索就从未停下,一直在努力地拨开自己心头的一片片乌云。

数学理论的研究水平已经超过了其应用水平上百年,就好像人类对数学理论的探索是被"逼出来"的,人类内心深处坚信数学问题总会有清楚明白的数学解答,这种信念仿佛形成了一种无形的力量,让人们去回答新的疑问,解决新的问题,扩展未知的数学领域,也推动了新的数学概念的不断产生。

有趣的是,哥德尔的不完备性定理的诞生告诉我们,总有一些点是数学这棵大树永远触碰不到的。这也意味着数学家自己证明了,有些问题我们自己其实证明不了。这对于集合论等现代数学产生了不小的撼动,也对机器智能的发展方向做出了一定的指导。

尽管如此,人们对于一些数学猜想努力探索的热情不减。无论是对那些从普遍直观延伸出来的直觉猜想的证明,如哥德巴赫猜想、孪生素数猜想等,还是对那些极其简洁却又难以证明的命题,如费马大定理等,数学的美与神秘都如磁石般吸引着数学家们对此保持极高的兴趣。而数学家们的自我肯定需求驱使着他们不断地为这些兴趣寻找清晰的解答。

创造力的来源其实是思维的跃迁,其中的一个直接体现便是直觉。人类的直觉往往是正确的,并且很多时候要比逻辑推理超前很多。

哥德巴赫猜想至今无人证明,数学家们仍在勠力寻求一个更优的解答。

费马在他的《页边笔记》中留下了费马大定理,他宣称自己想出了一个美妙的证法却因空格太小而无法写下。后来,经过了三个世纪,这一"定理"才被人解出。

庞加莱猜想在1900年被提出,直到2006年才被佩雷尔曼证出。

再回想现代科学的起源,无论是数学还是物理,都与直觉有着密切的联系。很多时候,科学家们都是简单地从直觉出发,再辅之以理性的推理,最后再给以严谨的证明。科学就是在这种直觉与逻辑的交织中螺旋式递进。或许有时候有些直觉不一定正确,但这些直觉推动了科学的发展,有些甚至还曾经深刻地影响着同时代的宗教信仰。

在牛顿力学阶段,人们认为能量需求是当时最重要的需求;到了薛定谔,大家又认为负熵需求至关重要,纵观人类世界历史,我们认为:自我肯定需求才是人类最根本的需求(见图5-2)。

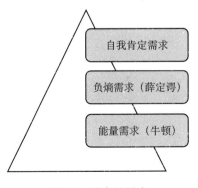

图 5-2　需求的层次

大多数科学从一开始就是与某些信仰联系在一起的,这就使它们具有一种虚幻的价值。而随着科学的不断进步,虽然人们对于世界的认识发生了不小的改变，但科学进步的内在驱动力——自我肯定需求却一直没有变过。

或许正因为如此，科学家们，尤其是物理学家一直对一个统一的理论或是体系极为痴迷。奥卡姆剃刀定律（Occam's Razor），即"简单有效原理"，正是对人类永恒追求简单统一的高度总结和概括。

这种近乎信念的追求推动了整个人类科学的不断进步。数学家们仍然在坚持探索数学的奥秘，物理学家仍在坚持寻求一个统一的理论，这些都源于人们对于神性的追究。人希望能够主宰自己，主宰自然，因而总是不断地努力了解未知；人相信永恒和绝对的理性，所以不断地证明数学的命题；人追求强大的力量，想从了解到掌握，所以不断地钻研物理。

所谓的怀疑、探索的科学精神，正是人类为满足自我肯定需求，想更真实、客观地了解自我与世界，以期更加接近心中那个绝对真理的直观表现。而人们心目中的永恒、无限、绝对理性和主宰，都是一种神性。人的目的，就是想了解神，然后追求神，甚至超越心中的那个神。而这个野心勃勃的愿望的起源，正是我们后文将要讨论的轴心时代。

| 02 | 第二部分 |

## 原罪或虚妄

《罗马书》里说:"这就如罪是从一人入了世界,死又是从罪来的,于是死就临到众人。因为众人都犯了罪。"①

《金刚经》里说:"凡所有相,皆是虚妄;若见诸相非相,即见如来。"②

一句是"救赎说"和"末日审判说"的基石,另一句则是大乘佛教的至高教义。无论是原罪还是虚妄,都起源于我们的欲望和执念。那么,为什么会有欲望?

这些欲望从何处来?

它们又将到何处去?

---

① 出自《罗马书》第五章第十二节。

② 出自《金刚经》第五节。

# 第六章
# 爱因斯坦"七二法则"与周期律

爱因斯坦将复利计算的"七二法则"形容为"数学有史以来最伟大的发现"。复利简化来说就是"利滚利",积累的利息可以继续赚利息。根据"七二法则"我们知道,当前资金翻倍需要的年限是 72 除以年利率的商值。比如,当年利率为 8%,当前资金翻倍需要的时间是 72/8,即 9 年;如果希望 6 年就实现资金翻倍,那么年利率就必须为 72/6×100%,即 12%。这个看似很简单的法则,却可以发挥重要的影响。

秦始皇统一中国距今已有两千多年的历史,从理论上讲,如果经济持续增长了 2000 年,增长速度每年 1.8%,那么 2000 年前的 1 块钱,用爱因斯坦"七二法则"容易算出,每 40 年翻一番,资金能翻 50 番,那么利滚利能涨为现在的 1 千万亿元(见图 6-1)。中国目前包括房产在内的总资产估计也就是这个数字。也就是说,如果我们在汉朝存了 1 块钱在银行,按每年的利率增长,存到现在就相当于当前整个中国财富的总价值。

当然,这在现实中是不可能的,因为实际上,中国近两千年的历史并不是持续的增长,而是具有准周期性质的兴衰更替,如图 6-2 所示。在一个持续时间较短的朝代之后,往往是一个持续时间比较长久的王朝,如此交替发展。但即便是这样,对于一个维持较长的王朝而言(比如 300 年),如果利益集团

汉朝一元钱，今世千万亿

图 6-1　复利的魔力，汉朝存 1 元钱到今天可能涨到 1 千万亿元！

的获利年增长为 3.6%，利益集团的财富每 20 年就会翻一番。这样，在 300 年的时间里，他们的财富将增至开始时约 32 000 倍。利益集团通常是以达官权贵为首的组织，是皇帝治理国家的代理人，他们的利益猛增，实际上意味着皇权利益的大幅削减。

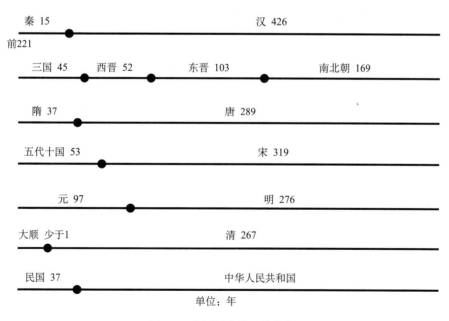

图 6-2　中国历史的一种分期

我们倾向于将西方世界作为整体进行观测，可以发现西方的财富中心也有转移的准周期。纵观西方历史,将西方财富中心的转移与"汤浅现象"进行比对,我们能够发现,只有美国在科技与财富中心有重合的时间,科技水平的领先并不一定意味着财富的中心地位,如图 6-3 所示。东西方的文化、经济和制度等各个方面都有不同,但都没有逃脱三四百年的兴衰周期,我们认为这背后一定有一股重要的力量在起作用。

人类社会的财富几乎都是向上转移的。也就是说,财富总是倾向于向少数人流动。在竞争中,财力雄厚的一方更容易胜出,获得更多财富。财富倾向于向上流动这一规律在历史中能得到验证:除少数时期外,历史上大多数时期的财富都是向上流动的。这个财富转移规律跟物理学规律正好相反,物理学中的物理量总是趋向于扩散和平衡。

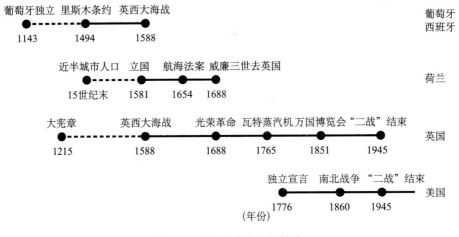

图 6-3 西方财富中心的转移

一个文明要延续 2000 年,不可能一直保持一个强劲的增长率,而一定是增长和衰退相互交替的过程。我们都知道,腐败与社会动荡会造成王朝的崩溃,但这些其实并不是根本原因。从本质上讲,财富有向上流动的本性,在正常的条件下,随着它的一直向上流动,到了王朝后期,有钱的人因为无处赚钱而赚不着钱,而没钱的人更是无钱可赚。因此,利益集团得不到满足,百姓也生活得很痛苦,继而起义暴乱频发,王朝最终崩溃。王朝崩溃后人口减少,同时如果开国皇帝很英明,财富分布就会相对平均,在此基础上,百姓就会拼命地去赚钱。而那些精明人就能更容易地赚到钱,社会经济才会发展起来。

　　观察中国历史上较长的朝代,比如汉朝、唐朝、清朝等,我们会发现:在第三代、第四代、第五代皇帝统治时期,财富的增长机制就基本上运转起来了,自然就能造就一个个"盛世"景象;而到王朝的后期,再英明的皇帝都"玩不转",因为彼时的发展潜力已经耗尽。

# 第七章
# 自我肯定需求与认知膜

Bloch(1989)的实验数据表明,89％的实验对象对自己的人格品质评价要比实际更高一些;Myers(1993)的调查显示90％的商务经理认为他们的成绩比其他经理突出,86％的人认为自己比同事更道德;Svenson的研究显示超过80％的人们认为自己开车水平比别人好。

只要有可能,人对自己的评价一般高于他认知范围的平均水平,在分配环节他更希望得到高于自己评估的份额。这种需求我们称之为"自我肯定需求"(Self-Assertiveness Demands)。自我肯定需求本身不存在善恶之分。自我肯定需求是刚性需求,不比物质需求弱。

自我肯定需求源于个人自我的内心比较。这种比较主要有两种形式:一种是与自我的历史纵向比较;另一种是与他人的获得横向比较。这两种比较共同作用,再加上人对自己的肯定,便产生了一种不同于理性经济需求的自我肯定需求。显而易见,个人一直是倾向于肯定自我,更倾向于做出有利于自己的判断,并期望获得高出平均水平或超出过去水平的报酬或认可。换言之,个人做选择的动力和方向,其实来自更强的自我肯定需求。

由于人对自己的评价一般高于平均水平,因此总的自我肯定需求必定会大于这个社会当下生产出的总供给,这就形成了一个缺口。这个缺口对任何统治者(或管理者)而言都是一个强大的挑战:要维持一个社会的和谐稳定,统治者必须提供额外的供给,来填补这个缺口。

我们认为有四种主要资源供给方式(财富涌现方式),可以用来填补缺口,满足社会的自我肯定需求,如图 7-1 所示。

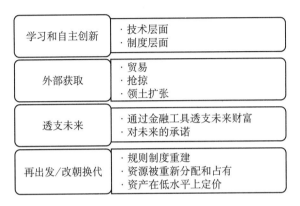

图 7-1 国家层面财富涌现的四种方式

第一种方式是学习和自主创新,包括制度层面和科学技术层面。制度的创新表现为社会制度的改变,技术创新则由新技术、新发现带来。制度创新使得旧的生产关系被新的、更先进的替代。而科技创新最典型的例子就是技术革命。历史上已经发生过四次大的技术革命,每一次技术革命都是以一个或多个技术领域为先导,波及生产生活的各个部门。劳动生产率的提高使社会成员的自我肯定需求得到满足。向外学习与自主创新相比更少耗费资源、更具爆发力,因此后来者居上的例子屡见不鲜。

第二种方式是外部获取,包括与外部社会进行贸易、自然的领土扩张、古时游牧民族的抢掠,以及帝国主义对世界的瓜分和掠夺。当今世界,对于发达国家而言,在大部分情况下,发动战争的成本远远高于通过战争获得的回报。只有过去的游牧民族,如 13 世纪的蒙古,掠夺比他们发达的国家(如宋朝)才更有意义——比他们发达的国家拥有他们期望得到的财富与物品。所以,不管是通过贸易还是掠夺,落后国家能从发达国家获取新形式的财富或物品,这正是它们满足不断增加的社会总自我肯定需求的方式之一。在这几种外部获取的方式中，贸易是最长久也是最实用的方式。重商主义国家强调要出口大于进口，使国家内部的和谐发展在外部财富的补充下得以实现。

第三种方式是透支未来，用未来的财富来弥补今天的缺口。通过印钞、借贷、债券、股票以及其他金融衍生工具，我们可以提前使用未来的资源。未来是无止境的，那么将未来的财富和资源预先支取，用以满足当下的需求，是完全可行的。而且这种方式能够迅速提升使用者当下的竞争力，毕竟两个其他条件都相似的竞争者，如果其中一方透支了未来，那么他就拥有了更大的比较优势。这是一条极其简便而且短期效用巨大的方法。因此，每当遇到较大的经济困难时，大部分的统治者都会选择这条"金融创新"的道路。原则上讲，未来是无止境的，透支可以非常大。但是，这种透支行为的伸缩性也很强：当经济状况较活跃时，人们的情绪也比较乐观，这时对未来的信心较高，因此透支也会更多；而当经济状况不好时，人们对未来持悲观情绪，那么他们就会更关注现有的财富和未来的保障，因此透支也就会相应减少。这种对未来信心的波动使得金融市场缺乏稳定性并容易导致金融危机。

第四种方式是崩溃后的再出发。以中国为例，自秦始皇统一中国后，最长的朝代不过四百余年。每一次改朝换代，百废待兴，规则和制度要重建，资源被重新分配和占有，资产重新在低水平上定价。最高统治者通过放权让利，让社会成员追逐资产，从而使资产价格逐渐上浮，少量的付出就能获得较大的回报，全社会总的自我肯定需求较易得到满足。中国历史上的"盛世"是这一过程的集中体现。西方近五百年来财富中心的转移与中国历史上的改朝换代有相同的机制，其崩溃的实质都在于旧的财富分布结构不能较好地满足全社会的自我肯定需求，而另起炉灶才给人们新的希望。

根据人的参照依赖心理特征，人类在面对选择时，总是会做出更有利于自我的判断，更倾向于认可自己，并且渴望得到高于别人或者高于自己过去的肯定或者报酬。因此，在面对明显要高于自己水平的一个参照系的情况下对自身或自身所处环境进行评价时，为防止过大的落差击垮自身的心理防线，人总是更倾向于肯定自我，用较高的自我评价从主观上进行自我保护，我们将这一认知综合体称为"认知膜"（Cognitive Membrane）。

认知膜的存在使得社会个体在面对来自外来竞争者的巨大优势时，在主观上缩小了与优秀者的差距，能够坚守住内心的信念，从而在发展的脆弱时期依然能够实现健康的成长。认知膜具有保护机制，也具有阻碍机制。人（认知主体）与人之间由于自身经历或所处环境等复杂因素，会存在认知范围与视角上的差异。

当两个或多个认知主体拥有共同的目标或利益时，会试图通过交互进行联合，交互顺利时，这些认知主体会产生共识，他们的认知膜部分融合，形成一个外围的认知膜，每个个体仍然保留其核心的独立性，但在对外的行为上能表现为一个统一的认知主体。

认知主体的交互也可能向另一个方向演化。如果认知主体经历不同的、复杂的外部环境变化，预期各不相同又难以协调，认知膜的共识部分就会被削弱，原本应当相互渗透的部分相互排斥，甚至产生敌对，这就是认知膜阻碍机制代理关系的动态过程。

由于复杂和难以预期的市场环境，委托人与代理人之间很可能产生这种认知阻碍，这种阻碍难以通过契约设计或者制度规范来规避。我们认为，平衡委托人和代理人之间的自我肯定需求是处理代理问题的关键。

对于个人而言，自我意识（self-awareness）和认知能力是同步的，人的自我意识从出生就开始演化（Kouider et al. 2013）。自我意识根植于个人感觉系统。基于自我肯定需求理论对人类智能进化的理解，认知膜在婴儿出生后快速成长。智能是认知膜的辨识功能，自我是认知膜的整体投射，因此，一个人的智能和其自我意识是同步成长的。婴儿出生后，最原始的触觉（直接产生温暖、疼痛等强刺激）、听觉和视觉使他能够分辨自身和外界，产生最简单的自我意识。

事实上，个体的成长正是在个体自我肯定需求的不断满足过程中形成的，而认同则在认知膜的不断成长进化中实现了和外部其他个体或集体的认同耦合。一个国家或社会的自我肯定需求形成的缺口，能够通过学习与自主创新、外部获取、透支未来和再出发这四种方式来填补，但具体到个人层面，情况会变得复杂。

个人自我肯定需求的满足无法拥有国家这种隔离环境作为抵御外部冲击的缓冲屏障。人一生有限的时间使得人对决策失误的承受能力相对降低，人的社会网络复杂性带来复杂的评价信息，这种空间和时间上的双重压力带来的不确定性使个人层面自我肯定需求的满足方式与国家层面形成差异。

个人的生存压力使其比国家的自我肯定需求满足方式更为极端和受限，但又具有更强的弹性。这是因为个人成长相对于国家成长，更具有多样性、爆发力和可塑性。自我肯定需求在个人层面的表现，有待进一步的深入研究，我们暂且将一些可以观测到的现象进行自我肯定需求满足方式分类，包括以下四种。

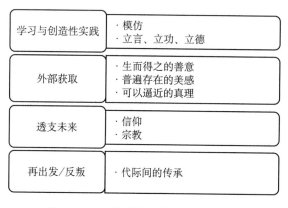

图 7-2 个人层面财富涌现的四种方式

第一种方式：学习与创造性实践。学习或模仿是获得已存在知识的过程，是个体融入社会经验知识体系的途径。这种自我肯定需求的满足方式给个体带来的成就感短期来自学习的奖励。我们甚至可以将答对试题看作一种精神的奖励。较为长效的奖励则来自学习竞争者的羡慕、家长的肯定，以及更大范围社会标准的认可等。

可以说，学习正是个体逐渐了解整个社会认知膜的过程。为了融入社会，个体不断地学习、积极工作，如果符合社会认知膜中的内容，他就会受到来自外界的积极反馈。同时,自我肯定需求也能在学习这种方式中得到更长效的满足,能够使人愿意用大量时间投入这种方式,形成一个良性循环。但因为学习的动力仍相对来自外部,而知识本身属于经验的范畴。因此,单纯的学习作为一种被动方式,并不能提供一种内生的途径使"知识创造""创新"发生,而只能为思维的跃迁扩大范围。

创造性实践是满足个人自我肯定需求最独立和主观的方式。这种独立不再依靠融入环境来被动确立存在,而是实践了一种新的生活方式、生存状态。

无论是中国古代经典中提出的立言、立功、立德的三重境界,还是海德格尔以"诗意栖居"的存在,都通往"实践式独立"这一自我肯定需求的满足方式。提出并实践一种新的生存方式,并不意味一定有益,甚至可能是一种错误的实践。但实践式的独立使得个体在成长过程中实现超越自我,并在自我认知的主观范围,彻底弱化了各种外部可能损失带来的主观负面影响。

第二种方式:外部获取(真善美)。得到真善美的滋养能够强烈地满足人的自我肯定需求。轴心时代中确立的对于真善美的追求,直到今天仍然是人们行为的圭臬。

生而得之的善意是我们从外部获取的第一种滋养。从父母和长辈处获得的精心呵护、从日常生活环境中感受到的安全可靠,对于新生的婴儿来说都是满足自我肯定需求的重要方式,这种可以持续获得的善意帮助我们肯定自我的存在,鼓励我们向前迈进,认识世界。

山川河海,浩瀚星辰,我们在天地之中感受崇高之美;狼奔狮吼,虎啸猿啼,我们在生命的追逐中感受力量之美;鸢飞鱼跃,夏虫蜉蝣,我们在万物之中感受精巧之美;浮光跃金,静影沉璧,我们在万籁俱寂时感受平和之美,万事万物皆有美之色彩,或波澜壮阔,或曲折荒诞,或源自人的精巧构思,或源于自然的鬼斧神工。美能超越生命的层次。孔雀开屏,是雄孔雀炫耀自己的美丽来吸引雌孔雀,而人类也能感受到这种美丽。美亦能穿越时空。千百年前的动人诗篇与优美旋律至今依然令人心潮澎湃,能让人感受到作者的喜乐忧愁。这种普遍存在的美感是我们从外部获取的第二种滋养。

人类在认识世界的过程中发现了不同事物间具有广泛的联系，而这些复杂的联系背后又是由质朴性的原理来掌控。让我们相信真理的存在，这一点本身就能够满足自我肯定需求，也是我们从外部获取的第三种滋养。本书在第四章已经讨论了物理学定律的质朴性，并将在第二十一章讨论人类认知的规律。人类的知识总和不停增长，先哲们认为会逼近真理。

第三种方式：透支未来（信仰与宗教）。一定意义上讲，宗教通过向信徒许诺一个更美好的来世，也是一种变相的透支未来。无论是佛教许给信徒的生命轮回，还是道教许给信徒的"得道"后的长生不老，甚至包括儒家传统指引儒生通过"入世"的规范而获得功名，都是一种强大的力量指引人认为未来是可以期许的。我们会在后面章节详细地讨论宗教的演化过程，但无论向哪一个方向演化，宗教和包括自然主义、科学主义的各种信仰都在利用透支未来这种强大的方式满足人的自我肯定需求。

第四种方式：再出发/反叛，即代际间的传承通过反叛的方式再出发。饥饿则号哭、恐惧则嘶叫，这是人在诞生初期，面临陌生的环境，以反叛的方式提出诉求的表现。婴儿出生，初次接触这个世界，"自我"与"外界"的剖分模型就开始建立了，认知膜也在逐渐形成，但这时的认知膜和自我意识都还十分脆弱，当外界的强刺激和婴儿的"自我意识"开始交互，脆弱的婴儿最本能的反馈便是号啕大哭。

当人处在不熟悉的环境中，最直接的办法就是思维跃迁产生各种想法并尝试。小孩会在公共场合嬉戏打闹，反叛的结果可能是需求得到满足，假如小孩的嬉闹得到了纵容，"收获他人关注"的自我肯定需求得到了满足，他可能就会养成这种反叛的习惯在各类场合违反规则而使人讨厌；当反叛的结果和预期不同，如小孩子本来只想收获快乐但却受到了家人的批评（如图7-3），他可能就会意识到自己的错误，避免再犯。

不管结果如何，反叛所得到的反馈都会丰富和强化我们对于反叛行为本身的认识，以及对于环境的认识，继而加深"自我"与"外界"的剖分，强化自我意识。根据反叛与自我意识直接的互动迭代，大多数人的反叛会随着年龄的

图 7-3　家长应对孩子的反叛

增长而减少，但也有的人反叛行为反而会随着年龄的增长而增加。

人们通常认为反叛是幼稚的行为，但反叛实际上是代际间的传承，人们需要通过反叛实现再出发。反叛可以看作是思维跃迁的表现，它有一个重要作用，即为"创新"。这为知识创造的个人行为的涌现提供思维基础。反叛也具有局限性：单纯的个体反叛只是被动接受环境、在特定环境中确立"自我"与"外界"剖分的一种特殊方式，也可能造成损失。比较突出的表现是：（1）对于很多叛逆青年，缺少必要的学习，叛逆并不足以促成其在科技或艺术上创新行为的涌现；（2）散户投资者在持有增长潜力股票后，会乐于更换到高波动率的股票，而失去把握长线增长的远见。

反叛后的再出发可以极大地满足自我肯定需求，甚至实现自我的超越。反叛的基础是思维的跃迁，作为代际间传承的一种方式，它可以是对于某种猜想的尝试，也可以是突破常规寻找新的发现，还可以是颠覆以往的审美与信仰，创造新的价值体系。

在个人层面，自我肯定需求并不仅仅是一种为避免饥饿而觅食、为抵御入侵而群居的外化、反射式需求。这正是由自我肯定需求的本质决定的——对抗环境不确定性、寻求认同、形成超越、延续存在。在一个人的"自我意识"诞生之后，自我肯定需求也就随之产生并开始对人的决策起作用。同时，自我肯定需求也在上述四种满足方式的单一或联合作用下外化成决策动力、行为模式、生活习惯、审美情趣、生存方式,浸入人的"自我"之中,促成人的发展与超越。四种满足个人自我肯定需求的行为方式在影响了诸多个体之后促进了一个群体"自我"的进步。最终体现到国家层面上又产生了与之相关的方式对整个群体产生更加宏观的影响。

如果我们再以文明为单位进行分析,会发现自我肯定需求同样很好地解释了文明的演化历程。一般认为,在传统文明古国中,希腊轴心突破针对的是荷马诸神的世界,印度针对的是悠久的吠陀传统,而中国轴心突破发生的背景则是三代(夏、商、周)的礼乐传统。我们认为,所有这些都属于"反叛式"的超越,只是反叛程度有所不同。其中中华文明反叛性最弱,而以色列反叛性最强。古希腊和印度的反叛与继承程度在两者之间。以色列的突破必须追溯到犹太人摩西。他虽然被埃及公主收养过着优越的生活,但痛恨埃及人对犹太人的压迫,并目睹了埃及法老制度的腐朽和衰落。摩西带领犹太人出走埃及,在西奈山上确认摩西十诫,其重要内容在强调对偶像崇拜的抵制,明显是对埃及文明的反叛。

中国的三代、古巴比伦王朝、古埃及文明和古印度的吠陀文化几乎在同一时期衰落并崩溃,我们认为这一时期相应地区(北纬25度至35度之间)的气候变化是可能的诱因,因为农业社会主要依靠外界环境。气候变恶劣很可能触发并加速以农业为主要生存基础的文明崩溃,崩溃也为新的王朝和文化的再出发提供了机遇。前期文明崩溃的痛苦记忆犹新,复兴作为自我肯定需求的一种诉求,驱使人们去探索新的可能。如果气候转好而更适宜农业生产,财富的激增更加强了对人类终极目标关怀和思考的动力,并形成相应地区文化的超越。这些超越本质上都是反叛原来的自我肯定方式,产生新的自我肯定方式。

由此我们也知道,自我肯定需求是必需的,并非可有可无。尤其是在人这一微观层面,自我肯定需求其实更难满足:从你出生起,父母给予你足够的照顾,以你为中心;随着成长,有了兄弟姐妹或伙伴后,你渐渐偏离了生长环境的焦点,就开始有反抗;再到成熟的过程中,你还会发现自己不仅不是生活的焦点,而且还要处理各种矛盾,在浩瀚的世界中是如此渺小,因此需要找各种根据或资源来满足自我肯定需求。在寻找满足自我肯定需求的方法中,有多条道路供你选择,好坏都有可能。前辈留下的各种想象与资源,在你的系统中会重新整理,演变为独特的人格,形成独特的认知膜。

相比之下,在国家层面上,满足自我肯定需求的方式会容易观察一些,因为国家的构造方式是不一样的,即便国家受到宗教、伦理的约束,这些影响因素相对而言也并不多。

再看人类之间的交往过程。人与人之间的社会行为其实是彼此认知膜的融合过程。小孩子能成长往往和他所处的环境有千丝万缕的联系,当他开始打量这个世界,他会接触到来自各方面的强刺激。我们知道,有很多刺激会给小孩留下深刻的印象,这是因为小孩大脑的神经连接尚弱,却又处于快速建立连接的时期,因此他对于世界的感知会被大脑深刻地记录下来。

人的认知膜的形成过程其实并不是独立的,家庭、社会环境对认知膜塑造有潜移默化的影响。曾有过这样一个惨剧:8岁少女被父亲圈养于猪圈,失去自由8年之后,16岁的她智力如4岁幼童。可在养母精心呵护4年之后她就恢复了正常人的智商。

小孩心智的成熟在孩童时往往要借助大人的教育。小孩受教育的过程其实就是其认知膜形成并强化的过程。最初,"自我"和"外界"的简单剖分还不足以帮助少年完全独立地接触并认识世界,这个时候就要借助家中长辈的帮助。一方面是自我肯定需求的作用,使得他们在做出尝试的时候会观察外界的反映,加深剖分的模型并深化到记忆中,使得他们能更倾向于做能受到外界肯定的事情,继而通过自省和记忆的方式,独立地完善和丰富自己的认知膜。另一方面就是受到家长认知膜延伸到孩子的影响。父母言传身教,子女耳濡目染,慢慢地,就习得了来自父母的认知膜的观念,这是家庭认知膜形成的步骤之一。

也正因为如此,不仅仅遗传上基因高度相似,孩子的认知膜和父母的认知膜也具有很多的相同之处，等到孩子成人或独立生活之后，下一代的认知膜或许会发生一定的改变，但家庭留下的印记依旧难以抹去。

由此，我们也可以解释人们对于陌生人的不适情绪。当遇到一个陌生人的时候，我们并不知道彼此的认知膜是怎样的，尤其是小孩在一定程度上还依赖父母的认知膜，因此对于陌生人会有更明显的畏惧情绪。但也正因为小孩认知膜不够丰富，难以识别是非与好坏，也就很容易被坏人哄骗。

一个人的性格与选择并不是完全独立的，他受到自己所处环境潜移默化的影响，他的选择和他的成长经历会有着千丝万缕的联系。这也是在一个家族中，人们的性格与心理相似的原因。所以，除去生物学的遗传因素，认知膜的相似性也相当重要。

至于人与人相处，两者建立关系时相互接纳的开始正是认知膜相互接触并发现共同点的过程（见图7-4）。通过眼神，语言的交流，我们对对方最初的判断就源自自我和对方的对照，这本质还是源于自我和外界的剖分。所谓的心灵相通或情投意合都不过是认知膜有较多的相似之处，使得相处融洽而不至于尴尬或不适合。这在某种程度上也说明，我们所交的朋友、所亲近的人，都是自我的一种投射，只是投射出来的接近程度各有不同罢了。

图 7-4　人与人交流的本质是认知膜的碰撞

一男一女原本各自有认知膜，彼此吸引之后随着交流的加深，两者的认知膜就会慢慢靠近，形成一个更大的认知膜；交流的程度越深，认知膜的外层越加坚固,共同的认知领域越来越大,但并不会完全重合,彼此还保留自己的个性认知。尽管如此,我们也能发现他们的生活、性格和认识等会随着相处时间的延长越发的相似。而当两者的共有认知膜越来越坚固(比如组成家庭),他们在与外界环境交互时,往往就表现出一致的行动,看起来更像是一个单位,这样就形成了一个新的个体,一个"大我"(图 7-5)。

男女认知膜结合成为一个"大我"

图 7-5　情侣交往也可看作是彼此认知膜融合的过程

　　再比如公司,最初的创始人因为利益关系或者价值取向走在一起,通过公司文化的演化等也会形成一个外围的认知膜,在与其他公司竞争的时候,也能表现出一致性。扩展到民族、国家也有相似的情形,可以通过文化、教育等达成。虽然内部是多个个体,个体之间有差异甚至冲突,但在外界看来是具有一致性的。这些由个体组成的新的统一单位,可以看作一种空间上的新概念的涌现。生命的初期应该也有类似的情形。细胞之间有竞争、有合作,又能识别自我与外界的差异,最终能够融洽相处,彼此协作。

　　生命是非常复杂的,当我们意识到这一点时,其实要承受非常大的压力,因此需要认知膜的保护。人类面对外界环境时,面临很多未知事物,本质上是处于弱势地位的，也就迫使人类产生认知膜，创造出很多概念（引进概念时，必须小心谨慎，不能随心所欲），来对抗这种压力。"自我肯定"本质上说就是平衡人自身与外界的这种矛盾。人由此也想象出很多概念，比如"心灵""审美""宗教""道德"等，如此种种都是为了对抗压力、追求幸福的需要。这种追求幸福的过程也就是满足自我肯定需求的过程。

每个人都具有自我肯定需求，并且满足自我肯定需求的方式多种多样。这时候你的疑惑或许又出现了：既然人们都是倾向于肯定自我，为什么还会有自发的违法犯罪等恶劣行为出现呢？

其实，自我肯定需求是刚性需求，本身并没有好坏的分别。而且，实际上正是由于自我肯定需求在起作用，才存在对这个世界各种各样"歪曲"的、"另类"的解释，这些解释实际上就是不同个体创建的各自的认知膜和意义空间。没有人能对世界有100%全面、客观的理解，每个人都是通过与世界的不断交互，逐渐丰富对"自我"与"外界"理解，这种认知进化的过程是带有主观意识的，与我们过去的经验积累相关，也与我们对未来的判断相关。

大多数人在成长认知的过程中，能与外界进行有效的交互，自我肯定需求能够得到及时的满足，形成社会普遍认可的价值体系。但也有人在"自我"（或认知膜）成长的重要时期，在与外界的交互中吸收了（社会眼中）错误的内容，或是形成了错误的理解认知，并逐渐形成新的认知膜，他们满足自我肯定需求的方式异于常人，即便不被社会大众认同，他们仍然认为自己的所作所为是正确的，又或者"不被他人肯定"就是他们"自我肯定"的方式。

但实际上，国家层面也有着眼于未来的举措，比如"透支未来"，对未来的预期正确可以为国家带来足够的影响力。对于政治家，鼓舞民众、灌输愿景也是透支未来的一种表现。人类社会不断建立复杂的结构来适应环境，在寻求生存机会的同时，也趁机将物质世界改造得更有利于社会的发展。

不论是乔姆斯基（Noam Chomsky）①还是维特根斯坦的理论，都表现出

---

① 美国哲学家、语言学家，其生成语法被认为是20世纪理论语言学研究上的重要贡献。

典型的西方学术传统模式,站在还原论的角度来说,研究的最小单位(原子)应该是固定不变的,否则建立在此之上的研究无法进行。这种假设在研究人类问题的时候变得困难重重,因为人是动态变化的,自我肯定需求也是动态的。西方学术模式可能不容易认同这种类型的体系,而认为马斯洛的层次需求理论才是正确的。但在现实中研究者就会面临这种研究的基本对象处于动态变化中的问题,如果仍采用以往静态原子式的假设,研究者将无从下手。

自我肯定需求和人类的思维都具有动态变化的特点。在基因中,我们就要考虑可变动的因素。黑格尔和马克思的部分理论,以及更早期的古希腊辩证法中,都表达了变化的思想。但总体来说,将这种动态变化的因素考虑进来,整个研究对象的确会复杂很多,西方学术乃至全球的学术界中还不是特别适应这种建立在动态变化基础上的思维模式。

人类认识的世界,从某种程度上讲,是人类按照自己期望的某种方式进行认知的,并非客观世界的本质,即人类其实是在设计这个世界,其背后的动机是人类对自身的自我肯定。维特根斯坦认为对象没有结构,而自我肯定需求内部应该是有结构的,虽然它是动态变化的,但还是可以分出结构。

(1) 核心部分:我、自我、精神、灵魂、自由意志,不同词语表达同一个意思。

(2) 中间部分:意义空间、概念空间(即认知膜),更多意义层次的概念。

(3) 外围部分:物质世界。

精神也好,灵魂也罢,都属于极限状态,而且从某种意义上说都是不可能完全描述清楚的,我们能够描述的是像中间和外围部分这类靠近外围或外围的概念。虽然核心部分是变动且难以定义的,但其存在性不容置疑。

关于"自我""意识"和"精神"的概念,将来或许会有更为准确的叙述,但我们现在的描述只能达到这样的水平,类似处在经典物理描述磁势的状态,只能说是一种极限状态。这种极限状态可以理解为绝对的、理念的,接近柏拉图式的一些表述,但确实无法明确完整地阐述。虽然不能彻底说明,但自我肯定需求核心层的东西需要同外层、外界交互而表达出其存在性。

人之所以为人，就是因为存在自我肯定需求，人脱离了自我肯定需求，其认知膜将不复存在，其"自我"就会消散，也就不再是真正意义上的人。自我肯定需求需要通过认知膜与外界接触、交互，从而对个体进行"充电"，补充养分，滋养"自我"以维持作为人的根本特征。自我肯定需求的表达方式是动态可变的，得到满足的方式也不一而足。

对于自我肯定需求在时间上的演变和涌现，可能还需要进一步思考，但可以明确的是，现在的人类与远古的人类一定有所差异，比如语言的出现就给人类造成了巨大的影响。再者，当今社会人类越来越多的理性思维，应该也是以前远古时期所没有的特质。"自我肯定需求"应该从生命更本质的地方进行说明。我们相信生命演化的最根本动力，就是自我肯定需求。

自我肯定需求理论的提出使我们看出：物质世界与意识世界的间隔并没有那么大，唯心主义与唯物主义的界限也没有那么宽。很多人文故事给我们的启示是：某一主体存在于宇宙中，一开始可能不具备任何资源，但他坚信自己能够完成某一个目标，并由此影响他的一系列行为都向着这个目标靠拢，他就有可能真的达到这个目标。并且在这个过程中，还可能有外界的资源或力量支持他，他越接近目标，收到的支持力度越大。这个现象用唯物主义的观点难以得到充分的解释，但它又确实是存在的。比如20世纪后半叶，美国的数字信号与苏联的模拟信号有过竞争。由于资源向美国数字信号技术集中，即便苏联的模拟信号也有一定价值，各种因素的影响最终还是将数字信号推到了胜利的一方。

人类对世界的探索不论是向上（宇宙）还是向下（粒子），都还没有看到尽头，这也是人类与图灵机不同的地方。图灵机是给定规则的，而人类是不知道规则的，全凭自己不断地发现、探索和总结。

# 第八章
# 我自岿然不动

人使用概念来形成认知,认知形成决策、行为,最终反映出人类智能。自我肯定需求是这一过程最根本的推动力。概念的形成,最重要的作用是用来描述、定义和理解环境。人的认知的形成,正是建立在与环境的交互过程。人从诞生到成长的整个过程,其能力,在面对复杂、恶劣的环境时,显得非常局限。

西蒙(H. Simon)在《人类的认知——思维的信息加工理论》中提到,大脑加工所有任务都要受到基本生理约束,人的认知和决策形成过程中所应探讨的应当是有限的理性、过程合理性,而不是全知全能的理性、本质合理性,并且人类选择机制应当是有限理性的适应机制,而不是完全理性的最优机制。

人不可能具有足够的所谓"理性",来理解和改造环境。那么,人具有什么样的认知推动力来使人在和恶劣环境打交道时生存下来、创造性地生成概念、形成决策而确立自我的存在?我们认为这个推动力正是自我肯定需求。

婴儿在诞生之初,自我意识极其微弱,也并没有死亡等概念,他面临的第一个直接问题是"自我"和"外界"该如何进行剖分。剖分的建立标志着自我意识的产生,也是人看待环境的基础。面对陌生、复杂、未知的环境,环境对人形成直接的感官落差,这些落差不断地刺激自我意识,强化了"自我"和"外界"的剖分。通过最原始的视觉呈现和触觉交互,以及随后语言编码的产生,人开始对环境进行吸收、比较、交互。在这个交互过程中,只有在自我意识之中形成自我肯定需求,主观地在认知上高估自我,才能在能力欠缺的情况下填补环境带来的未知恐惧,进而形成和定义自我和外部环境的边界,确立自我的存在。在这个坚实的认知基础上,人才得以生存和认识环境、改造环境。

因为认知膜与自我肯定需求的形成,人在婴儿时期面临未知外部环境时坚强地确立存在感,进而通过主观高估形成自我和环境的边界,这是面临复杂恶劣环境时人的一种偏强的反叛精神。也是人在成长过程中发展出多样性的根本原因。这种对自我的高估,在认知膜的保护下,会在人成长过程中的各种策略形成、行为选择中起到决定性的推动作用。人在自我肯定需求的驱动下,倾向于肯定自我,才会在海量的随机条件下确立每个人差别于、独立于他人的自我选择。这样的选择有时会显得不合理、执着、执拗,甚至是错误,但正是这一非理性过程的存在,结合新的外部资源和条件进行耦合,才使得创新和创造行为得以发生、成长。

自我肯定需求在自我意识确立之后为行为的多样性奠定了认知基础,它反作用于思维的跃迁,使人类社会具有更多的"不一样"、更不确定的差异性。但是,自我肯定需求的内在机制同样塑造了"认同"的可能。Tajfel 的心理学实验,是由自我肯定需求形成认同意识的一个极端反映。Tajfel 于 1970 年设计了"最简群体研究范式"的心理学实验。将受试者随机分为两组,然后每人为其他人分配资源、进行评价。其结果表明,在事先毫无交流、毫无社会结构和直接相关利益的受试个人间,当个人一旦意识到分组,就会分配给自己组员更多的资源和更高的评价。这种认知分类,使人在主观上知觉到自身与他人共属的认同感。这样的认同所引起的向群体内部分配更多资源和更高评价的现象被称为内部群体偏向,而对群体外部反向的分配和评价被称为外部群体歧视。这个实验揭示了分类、区分彼此是形成群体行为的基本条件。一个即使毫无意义的分类,已经足以造成人在认知上的偏好,进而由此形成一种带有偏向的群体一致行为。

Tajfel 的"最简群体研究范式实验"深刻地揭示了人对于"自我"的深刻倾向。该实验的深刻之处，是以心理学实验的方式，揭示了人在自我肯定需求驱动下，当其完全缺失自我肯定需求中"周围环境或社会对其评价"参考系时，哪怕一个毫无意义的自我边界的区分，都会毫无理由、毫无理智地高估人为形成的属于"自我"的群体内部，从而轻易地形成认同。这也正是认知膜在完全缺失参考系、价值体系为空集时彻底、任意倾向自我而屏蔽任何外部环境的极端表现。这是自我肯定需求具有破坏性的典型反映，如自我肯定需求极端强烈而导致的种族仇杀。

人的成长就是认知膜不断演化的过程，人的"自我意识"与认知膜紧密相连，其实并没有明确的边界。现实世界中，认知膜的形成，不可能缺失价值判断，而是通过有选择地吸收外部条件，来靠近、融合或疏远、敌对其他个体和群体。这一机制，使得人的非理性、执拗行为和理解认同行为实现了统一。人类社会的多样性和融合性在此处可以得到统一的解释。

认知膜除了具有保护作用，还具有扩张性，其表现就在于前面提到的自我意识的延拓。人开始直立行走后，双手得到了解放，开始学会制造工具，利用工具并且携带工具。

自我意识向外扩张的最明显的例子就体现在占有欲。人要生存，就离不开食物，也正是食物，让人从"我"的意识中明白了什么是"我的"。食物就是人开始有"我的"的意识的一种体现，为了让自己生存下去，人首先学会了占有或争抢食物，还产生了对于自然资源的占有欲（比如领地意识），这也恰恰是自我肯定需求最开始的一种体现。

面对一条河，个体或是部族会希望这条河只属于自己，而不能被别的个人或部族染指，这个想法得不到满足的结果便是部族或是人与人之间的战斗。也正是从这个时候开始，人的"自我"和"外界"的区分变得模糊了。

"我"可能不仅仅只局限于"我"这个身体本身，还可能包含了"我的"持有物，如食物，工具，衣着等。等到物质开始产生富余的时候，"我"的内涵更加丰富，财产也成为"我"的一部分。这个时候人的"自我"与"外界"的区分可能更加模糊,已经延拓到田地、奴隶、财物等财产层面。

古语说"人为财死,鸟为食亡",生产资料关联着人的身体性的存在,甚至影响着人的存活与死亡,同时人对财产的占有不仅是为了维系自身的生产,更是为了显示自己存在的意义,因为此时的生产资料已经成为"自我"的一部分,物的价值也由此成为人的价值的证明。

至于对于名和权力的欲望,本质上也是一种自我肯定需求的体现,人在积极地寻找肯定自我的价值所在,尽可能的丰富"自我"的内涵,逐渐地就扩展到了对于名利和权力的追逐上。当物质生活已经得到一定的满足之后,人将不再仅仅局限于对于生产资料的占有,还会在非物质的世界中找到"自我"的价值,而自我肯定需求始终是"自我意识"向外扩张的内在驱动力。

自我意识不仅能够向外扩张,还能够向内不断丰富,自省就是其表现之一。孟子强调"反身而诚"来存心养性,认为只有通过对个人自身心性的修炼才能实现理想的人格,成为所谓"大写的人"。而"行有不得,反求诸己",其实说的也是当外界和自我的预期产生较大落差的时候,我们应当在鲜明的对照之中反省自己,寻找原因。也正是认知膜的这种动态稳定的机制,使得人在面对较大的心理落差时,一方面能通过鼓励自己而坚持下去;另一方面能够理性地修正预期和自我意识,加深自我对外界的认识。

到了更加宏观层面的认知膜的时候,如一个公司,一个国家,甚至是人类全体的认知膜都具有动态稳定机制。这个时候的动态稳定不仅仅像人类个体的认知膜那样具有外延和内省的稳定性,还体现在整个人类全体走在向前进步的道路上。

人类全体的认知膜当然还具有向外延伸和向内拓展的性质。尤其是在全球化进程日益推进的今天,国家与国家的联系更加紧密,人们也终于认识到了整个地球上的人类同呼吸,共命运,是休戚与共的关系。

同时,发展到今天的人类,早已经将地球当作人类的一部分了。几百年前,为了推进工业革命的进程,人们就不断地从自然攫取各种各样的资源,地球已经千疮百孔。但是现在,人们认识到只有一个地球,真正把地球当作全人类的一部分，并开始反思和自省，开始不断寻求科技创新来延续地球的生命。

而随着科技的发展，人们开始向宇宙进发，月球被逐渐探索，太阳系内的其他天体也正在研究中。人类，已经将自我的边界，向地球外的世界延伸。而至于认知膜的向内延伸，我们会看到现在的人们已经具有了比以前更强烈的全球意识和主人翁意识，当个体的认知膜不再仅仅局限于个体本身而向周遭扩展，尤其是产生了对集体、国家甚至是全人类的观念认同的时候，整个集体、国家甚至人类的认知膜将更加坚固和丰富；当人们发自内心地团结起来的时候，整个大的认知膜将帮助人们面对更加严峻的挑战。

重点是，认知膜如何保证整个人类不会面临滑坡的困境而一直向前发展呢？其实，作为人这个个体认知膜的综合，全人类的认知膜会更加丰富，同时也会继承个体"自我意识"的特点。

思维的跃迁依然可以体现在人类集体的"自我意识"之中，而且这个时候滑动性的作用更加强大。集体思维的跃迁建立在个体思维的跃迁之上，这个时候，因为个体数量更多，思维在同一个鞍点上滑动的方向从概率上说，会更加的丰富，同时也导致了同一个方向上滑动的个体数量会更多，而不同于个体独立的选择。这就使得个体思维跃迁的效果得到了放大，首先是各种不同方向的少数的尝试给大多数人提供了直接的经验和教训：一个人或是少部分人在一个方向上的失败或牺牲换来的是整个集体对某一个方向的警惕和舍弃，而一个人或少部分人的成功经验却能够赢来更多人的关注、研究和尝试。

正如市场中，如果一个人在某件事情上成功获得了更高的利润，在他的策略不被保密的情况下，其他人知道了便会纷纷效仿，毕竟大多数人的认知膜结构中有很多都是相似的，这就使得成功经验的被复制成了可能。

同时，因为人在整个社会中不再是独立封闭的个体，交流是必然存在的，这就使得尝试的经验能够被迅速传播并得到研究。每个个体的"自我意识"构成人类全体认知膜上的一个个节点，个体的思维跃迁在这张网上得到了迅速放大，这就使得人类全体的认知膜在更加丰富的同时能够具有更加灵敏的感知能力。而且，个体的失败或许会将一个人引入深渊，但作为人类整个认知膜中的一个节点，一个节点的毛病并不足以撼动整个大网，正如人体中一两个细胞的坏死并不足以影响整个人体的健康一样，人类全体的认知膜能够包容一些错误。

当然，我们也必须承认，认知膜的敏感无法判断出事情的好坏，只能及时地感应到事件的发生，对于一个节点上所发生事情的好坏判断有赖于周边节点的判断和反应。可以说，大部分情况下，周边人的判断都是有利于整个认知膜向前进步的，但有的时候可能也会失灵，这个时候往往就会发生群体性的滑坡或是疯狂。

正如德国纳粹在希特勒（见图 8-1）的带领下兴起的种族狂热与仇视，狂人希特勒也是凭借合法的程序经过民主选举而一步步成为德国的总理，继而领导德国发动了第二次世界大战并对犹太人进行了惨绝人寰的屠杀。这个事

图 8-1　狂热的希特勒

件中,我们会看到,首先是整个德国的认知膜在当时的政治经济条件下发生了扭曲,而德国开始发动侵略之时,周边国家的绥靖政策又助长了德国的嚣张气焰。整个德国陷入的正是群体性的狂热和道德滑坡。而当时少数的反对者自然因为身处洪流之中而被国家的狂热浪潮淹没了。

"二战"后,除了那些违背了人类良知和人性的战犯,我们甚至无法再具体指责谁。军队执行命令将国家的敌人关押起来,理发师尽心理发,会计一丝不苟地统计犯人的生活用品,可是当国家的每一个节点结合在一起的时候,整个国家就演变成战争机器,就表现出了一种疯狂。所幸的是,最后还是有国家认识到了危险所在,并且同盟国家也最终联合起来战胜了轴心国,同时,人类也认识到了战争的可怕而更加期待和平。

历史没有被遗忘,相反,历史中的每一次错误都被印刻在整个人类的认知膜中时刻警醒人类。这就是文明的代价。整个人类或许有时候会发生小幅的滑坡和倒退,但是认知膜的自省机制使得这样的滑坡不会一直滑到人性的深渊。同时,人类在历史初期建立起来的一系列概念使得一些人始终坚信"善良"与"正义",思维跃迁的多样性也使得每一个方向都能得到充分的认识,并被一部分个体认同,这就使得整个人类群体总有一部分能够保持清醒,恪守人性。

正因为如此,人类整体终于能在曲折中螺旋式地向上升,而不至于在某个意外之时出现彻底的沦丧。这种动态稳定,是基于站在宏观历史的角度看到的稳定,而不同于个体微观层面的稳定机制,也就保证了人类整体的认知膜能够不那么容易向违背人类真正意志的方向发展。

# 第九章
# 决定论与自由意志

从物理学的角度来看,所有事物都是时空中连续的流动,根本不区分什么是"自我",什么是"外界",它们都是满足动力学方程的。"自我""意义""价值"等在物理世界看起来都是虚幻的。自我意识相对物理世界来说,是虚幻的,但正是由于有自我意识,才将世界区分为"事"和"物",并为之赋予不同的权重、意义。我们根据这种看似虚幻的自我意识改变了实实在在的物理世界,由此观之,我们也确实是具有"自由意志"的。

从这点来看,我们也在试图回答休谟的问题,即所谓从"是"能否推出"应该",也即"事实"命题能否推导出"价值"命题。

如果可以理解人类智能"从哪里来",那么面对人工智能的挑战,我们就无法回避人类智能"该往哪里去"的拷问。我们为休谟问题的解答提供了一个新的连接点——自我意识。连续的物质运动被"自我意识"分割成"事"和"物",然后在此基础上被分类,被赋予权重和意义。物理世界本来是连续的时间流,人类进行了人为的剖分,赋予其意义并分类,然后又将这些独立模块重新关联起来。这两个过程是迭代进化的。"价值命题"可以从"事实命题"映射出来,也可以由"自我意识"生发出来。

当然,有人可能会有疑问,既然所有的事物要满足物理定律,而物理定律是确定论的,不论是牛顿定律也好,量子定律也罢,只要给定了条件,不论多么复杂,都会按照既定的方式演化,那么自我意识、自由意志和主观能动性又是如何进入这个世界的呢?回答这问题,可以对照当年热力学第二定律出现后的情形。热力学第二定律讲的是时间是有箭头的,世界一直朝着熵增大的方向演变,这与牛顿力学(可以时间反演)直接冲突。当时的解决方案是,理论上状态都是可以回到原点的,但时间会非常漫长,这样长时间的观测在实际生活中难以执行,也就没有太大意义,因此在有限的时间内,我们看到的就是单向的演化过程。

　　自由意志也面临类似的问题。由于人是由粒子组成的,我们的每一个动作或决定看起来也应该遵从物理定律、按照一定的因果关系进行才对,而实际上,在绝大多数情况下我们却看不出明显的前因后果。

　　但其实,人体由大量的粒子组成,恰好说明了在所有粒子的相空间中存在大量的鞍点,自由意志就有很多机会参与其中。而且在每一个时刻,都能保证物理规律得到满足。比如高台跳水,没有受过专业训练的人可能一屁股就坐在泳池里了,但如果是一个技术一流的运动员,他就可以姿态优美地跳入水池。在这个例子中,运动员离开跳台(假定空气影响不计)他的运动轨迹一定满足牛顿方程,人体重心的轨迹一定是抛物线。但即使如此,运动员依然可以自由调整他的身体姿势入水,这个过程的细节就由他自己控制的,虽然这些小动作都满足相应的物理方程。

　　当然,我们也可以继续追问,一个人怎么做这些姿势?为什么要这么做?这也是可以找到前因后果的。如果一直追溯,把所有的原因都追出来也是可能的。如果我们纯粹从物理学观点来分析这个运动员,把所有细节都用物理方程的方式形成一条完整的因果链,可以一直连到宇宙大爆炸那一刻去。但倘若追溯到宇宙大爆炸,那个时候任何一点变化都有可能影响现在的决定(人的脑电波、动作等都决定了人行动的方式)。这种追溯显然不现实,也因为回到了纯粹的物理世界对我们分析当前运动员的行为没有帮助。与其如此,我们不如采取另一种观点,即认为运动员具有自由意志,他自己在决定怎么做动作，所以他的入水如此优雅。

可以说，"自由意志"体现在一个人的意识处于鞍点之时所滑动的方向，而此时滑动的方向正是由人当时的认知膜决定的。认知膜的追溯最终回归到"自我意识"的产生，因此我们将皮肤作为最初的"自我"与"外界"的边界，将原意识作为意识的开端以及由此生发的一系列事物都看作相对独立的概念，这对我们认识世界而言更加正确有益。在西方世界，自由意志一直被认为是没有解决的问题，就是因为与动力学的直接冲突。我们上述的回答应该还是很具有说服力的。针对热力学第二定律，我们有"各态历经性""玻尔兹曼函数"等方式来作出说明，而针对自由意志的详细证明或者是否能用函数表达，我们也在研究。

我们人的确可以有主观能动性，有自由意志，最终可以发展到一定境界，可以到"从心所欲不逾矩"——即使有物理规律的约束，我们还是可以很优雅地生存，展现自己的意志，从必然王国走向自由王国。就像跳水，虽然抛物线没法改变，但可以做出自己的动作来。

自由意志一旦产生，就会影响我们的行为，从而影响乃至改变物理世界。巴菲特决定投资华盛顿邮报，并且有足够的资金来支持并且参与其管理，这笔投资就成为一个成功案例，这也就是巴菲特的个人意志对外界的作用。类似的，马斯克投资 Space X、Tesla、Solar City 等公司，这是他个人意志的体现。苹果公司很大程度上也展现了创始人乔布斯的自由意志。腾讯投资斗鱼，就会提供资金和渠道，帮助斗鱼发展。

投资是人类的重要行为，能深刻地反映人性。20 世纪 90 年代开始的互联网泡沫，指数突增很多，接下来是泡沫破灭，人们赔得很惨，再往后是缓慢的增长。那么，类似这样的事件，到底是英雄创造历史还是人民创造历史？在经典作家那里，大多相信人民创造历史，但同时也相信真理往往掌握在少数人手里。90 年代，在互联网公司刚开始上市的时候，大家都不怎么相信这些关于眼球经济的故事，质疑：既然不赚钱，为什么公司值那么多钱？但随着股价的飙升，人们开始由疑惑变成接受。结果，所有人都买了互联网股票，连美联储都同意说进入了新经济时代。但泡沫终将破灭，股票价值也随之跳水，很多人的钱都打了水漂。这个故事本身的方向还是对的，前面是少数人讲故事教育大众，后边是大众真的参与进来，然后才真的是赚钱。今天，互联网股价的指数基本回到了泡沫顶端的水平，我们也可以想象今后还会涨得更高。

社会行为中人的自由意志和主观意志能够产生影响，而且这种影响在一定范围内是不可计算的。

一个理由是，虽然个人自由意志可能受到整个宇宙进程的影响，但自由意志可以涌现出无穷多的新观念。比如说，宇宙是有限的，或者说我们所感知到的宇宙是有限的，但我们从不怀疑无穷大的存在。神、佛、仁爱、理念、绝对精神等都是发明出来的概念，从物理的视角看其实并不存在。

为什么说人的认知会受整个宇宙进程的影响呢？这就是前文提及过的，人类起初对宇宙的认知就是二元剖分的，"自我"和"外界"（原意识），这个剖分实际上已经是整体的思考。轴心时代，在北纬 $30°$ 左右，前后几百年，涌现出这么多的新观念，那时正是中国春秋战国百家争鸣的时代，大家都在探讨人类未来会怎样，我们对世界的期望是什么，这些都是自由意志的展现。比如中国传统文化中的"阴阳"概念，也是个二元剖分，很多时候看起来还是对的。比如，正负电子就可以与"阴阳"相对应，但它并非永远正确。比如，质量是正的，至今也没发现负的质量。

另一个理由是人的行为具有爆发（bursting）的特性。语言是人类区别于其他动物非常重要的特征。语言的进化和习得都有爆发的特性。对个体而言，学习语言特别是母语就存在爆发期，婴孩开口说话可能要很久，但在某一段时间可能突然学会很多；连语法都能自己摸索，大人没怎么教，小孩自己就学会了。对人类而言，有很多考古的证据表明人的语言也是在短短 10 万年进化完成的，相比人类 170 万年的生存史，这也是一个爆发。

比如，唐代诗人留下的作品我们至今还在欣赏学习，虽然我们现在还能写诗，但我们写出来的和唐代诗人还是没法比。到宋朝是写词，但元朝又流行写曲。通过对唐诗宋词元曲作品的梳理，我们也可以在统计中发现在唐、宋、元朝都有作品爆发期的存在，作品数量在这个区间内急剧上升，过后又快速下降。这些爆发是因为自我肯定需求在起作用。语言的进化不是单纯的适者生存，它还要满足我们内心的需求。比如南方的一些语言，就是发音、声调，都比北方语系更为复杂。我们现在使用的语言模式是退化的，实际上是语言已经进化到了非常高的程度然后开始向下走。进化现象很多时候要和自我意识联系起来才能真正理解。就好比我们理解孔雀开屏，认为是因为雌孔雀喜欢雄孔雀的漂亮，开屏展示自己的美丽就意味着雄孔雀能拥有更多的交配的机会。此时雌孔雀的主观意识就参与了进来。我们熟悉第一语言，但第二语言学起来很难，这实际上和认知世界有关系。母语给我们表达的方式，是一个很好的需求和冲动。小孩子在学母语时都是天才。再比如音乐神童，可能是他对声音和音乐的敏感性比其他人要强，他更能通过这种方式表达自我。

那么，有足够的数据证明吗？其实数据再多也不能完全证明，也不需要证明，就像物理学里的牛顿第一定律，既不能证明也不能证伪，更多是思辨的结果，也有像日心说、地心说，实际上也不能证伪的。我们相信遵从物理学更简单的原理，质朴性是最简单的特征，所有的内容都可以凝聚在一起，其中基因突变是很重要的一环。先有自我和外界清晰剖分、有自我肯定需求，后来才有高级智能和丰富的世界认知。虽然我们用眼睛看这个世界，但一直戴着有色眼镜。理解的基础在于它是一个二元剖分，人与人之间的可理解性在于人能够进行自我和外界的剖分，人和机器互相交流就比较难，除非我们用某种方式教会机器二元剖分。人类智能的进化和主观的偏向性纠缠在一起，和机器客观的算法形成鲜明的对比，而且图灵机本身不能够产生自我意识或者价值体系，而如今在于如何教会它，让它能够理解人，才更有可能实现人机之间的和平共处。

假如说语言完全只是用来交流或思考，那应该越统一越好，形成一个世界语就最好不过了。但实际上不是这样。西周的一种语言，到了春秋战国的时候,就都变成各种各样的语言,即便后来秦始皇硬性地要求统一,也只能做到文字统一,但方言还是各式各样,形成了弥散性。正因为有弥散性,我们才有统计意义上的可以计算。比如,一个人的行为可以导致长尾分布,假如我们假定有交易者,有的人是价值投资,有的人是跟风,不难发现,如果提供一个高斯分布的刺激,市场价格的分布也还会是长尾的。

总的来讲,社会行为中人的自由意志导致爆发性是不可计算的,但自我肯定需求会导致价值体系和行为方式的多样性。在这个意义上,人的社会行为在统计上又是可以计算的。

# 第十章
## 泡沫与愿景

今天,我们只要花 1 美元就能在街边买到一朵含苞待放的郁金香。而在 1608 年的欧洲,西欧商人宁愿用价值 3 万法郎的珠宝换取一支来自土耳其的郁金香球茎。1634 年开始,郁金香泡沫席卷了整个荷兰,社会各个阶层的民众蜂拥加入了郁金香的抢购之中。到 1637 年,郁金香价格在一年的时间内翻了近 60 倍。一支命名为"永远的奥古斯都"的郁金香卖出了 6700 荷兰盾的价格,足以购买一处豪宅,而当时荷兰人均年收入为 150 荷兰盾。郁金香甚至进入阿姆斯特丹交易所上市交易。当郁金香的疯狂到达最高点时,来自土耳其的郁金香也大规模运抵荷兰,荷兰人发现郁金香原来不是什么稀有的东西。疯狂过后的狂跌开始上演,郁金香的价格在一个多月的时间内跌去 90%,可谓哀鸿遍野。

对于郁金香泡沫,经济学家做出了各种解释,然而很少有人注意到关键的一点——郁金香来自东方。郁金香所代表的,是一种东方的美,一种东方的神秘,一种东方财富的象征。荷兰人对郁金香的疯狂,虽然令人愕然,但这种追捧的背后所深藏的,正是对神秘的东方盛世的向往。

在泡沫中受伤,并不是普通百姓的专利,站在人类智慧金字塔尖的伟大物理学家也不能幸免。1720 年,南海公司声称其拥有垄断南美洲西班牙殖民

地贩奴的特权,英国民众开始哄抢南海公司股票,南海公司股价在 6 个月的
时间内翻了 10 倍。而随着类似南海公司"特许经营权"谎言的拆穿,人们开
始大量抛售,在 1720 年 7 月至 12 月间其股价跌去了 90%(如图 10-1 所示)。
牛顿在著名的南海公司泡沫中赔掉了 2 万英镑,相当于这位英格兰皇家铸币
厂厂长 10 余年的薪水。牛顿在三大定律之外无奈地留下了一句名言:"我可
以计算出天体的运动和距离,却无法计算出人类内心的疯狂。"但在英国人疯
狂的背后深藏的,是海外扩张的日不落帝国雄心。在南海公司泡沫结束后的
一个世纪,英国没有新发行一只股票,可以说,英国在这一百年中从外部获取
的资源足已使其不必通过透支未来的方式来填补自我肯定需求与当下供给
的缺口,就能实现国家的崛起。

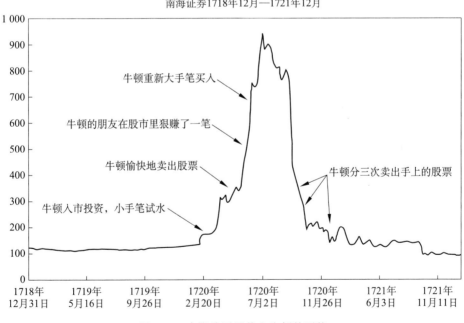

图 10-1　南海公司股价和牛顿的噩梦

美国 20 世纪以来出现了数次由泡沫引发的灾难,其中尤以美国 1929 年
经济危机危害程度之深、影响范围之广为最。第一次世界大战使美国完成了
从债务国到债权国的转变,技术发展、制度变迁和社会氛围都导致了 20 世

20 年代美国经济与股市空前的繁荣。

美国的工业生产指数在 1921 年时平均仅为 67(1923—1925 年为 100)，但到 1928 年 7 月时已上升到 110，到 1929 年 6 月时则上升到 126。1921—1929 年，在这近十年期间，道琼斯工业指数从 70 多点攀升至 360 点以上，股价平均上升 334%，同期，成交额增加 1 478%，达到泡沫顶峰。所有人都对未来充满信心，对股市和经济抱有乐观心态。费雪(Irving Fisher)预言，美国的股市价值仍然远被低估。

可是，就在 1929 年 10 月 29 日，美国迎来了它的"黑色星期二"。在历经近十年的大牛市后，到这年 11 月 13 日，15 天之内约 300 亿美元财富消失。在 1929—1933 年，这短短的四年间，股指从 363 最高点跌至 1932 年 7 月的 40.56 点，最大跌幅超过 90%。美国真实的 GNP 整整下降了 30%，国民生产总值减少 40%，平均每年负增长 7%～8%，以当年价格计算的美国 GNP 减少了 45.56%，1300 万人失业，失业率达到 24.9%。进口和出口降幅超过 2/3，共 9 000 家银行倒闭。

泡沫的破灭使人们尝试对政策进行改变。通过推行"以工代赈"，加强金融监管，调整农业政策，建立社会保障体系和急救救济署，1937 年，美国国民收入从 1933 年的 396 亿美元大幅增长至 736 亿美元，物价止跌回升，失业率大幅下降，工业得以继续巩固和发展。经过 20 世纪后续的发展，美国道琼斯工业指数今天已上升到 20 000 点，费雪的资产价值愿景和那些 1929 年前对美国科技和国家经济、政治发展抱有愿景的人，洞见已经实现。

现代金融市场反映了复杂的博弈行为，对金融市场各种异象产生原因的研究，至今没有形成定论。有意思的是，2013 年诺贝尔经济学奖授予了三位对资产价格波动持不同观点的研究者。法玛(Eugene Fama)的有效市场假说和希勒(Robert Shiller)的"动物精神"从"理性"和"非理性"交易者的角度来看，形成了完全的对立。有效市场假说无法对真实市场中交易者获得超额的收益提供合理解释，"动物精神"则从人的行为和心理角度揭示资产价格波动的人性因素。事实上，资产泡沫，作为金融市场典型的异象，并不仅仅反映了市场内部价格的波动与相对价值的偏离。以历史的视角分析泡沫产生的整个过程，就能从对泡沫的认知中形成新的历史观。由愿景及其传播和实现构成的泡沫周期，既制造危机，又使精英依靠普罗大众的支持，从而推进科技、制度甚至国家的进步，推动人类向未知世界探索。

再来回顾美国的互联网泡沫。1993 年万维网的出现以及 1995 年"联合国网络委员会"通过了将"互联网"定义为全球性的信息系统的决议，使 20 世纪 90 年代出现了互联网热潮，美国出现大量的互联网公司，互联网从业者的愿景和未来成长的可能，以及稳定的商业增长和持续攀升的股价使越来越多的投资者在股票上涨之时预计其会继续攀升而大量买入，进一步哄抬了股价，使虚拟资本过度增长和相关交易日益膨胀。1996 年 4 月雅虎公司在华尔街正式上市，上市之初每股约为 25 美元，至 2000 年经三次分股，使原来的每股分成 6 股后，股价仍达到 500 余美元，短短四年间涨幅达到 100 余倍。

如图 10-2 所示，1999 年 10 月到 2000 年 4 月，在短短五个月内，美国纳斯达克（NASDAQ）指数则从 2 700 点左右（1999 年 10 月）上升到 5 048 点（2000 年 3 月 10 日），翻了将近一番。2000 年 3 月 10 日，纳斯达克指数在 5 132.52 的最高点达到峰值，但 37 天过后，即 2000 年 4 月 14 日，纳斯达克指数迅速下

图 10-2　道琼斯互联网综合指数图

跌到 3 321 点,此时下跌幅度已达到 32%。直到 2001 年 3 月 12 日,纳斯达克指数跌破 2 000 点大关,并于同年 4 月 14 日创下最低点 1 638 点。至此,纳斯达克指数已从其最高点(5 048 点)不到一年时间损失了近 68%。

道琼斯互联网综合指数自 1999 年 10 月至 2000 年 3 月,短短五个月时间内,由 180 点急速攀升至 500 点,涨幅超过 1 倍,并在接下来的一个月内持续走高,达到峰值。但不到一个月,道琼斯指数迅速下跌,直至 2000 年 7 月跌至近 200 点。2000 年 7—10 月,这三个月虽一度横盘,但在 2000 年 10 月道琼斯指数再次持续下跌,在 2001 年跌至 60 点以下,并在当年达到最低点。

不久,泡沫全速消退。纳斯达克指数下跌 68%,加上传统股票道琼斯指数的近两成的下跌,使美国社会财富损失高达 5 万亿美元,相当于同期美国国民生产总值的一半。在此期间,网络公司倒闭 537 家,裁员 10 万人。2001—2002 年,互联网行业的危机迅速波及其他行业,如运营业和电信制造业,许多通信企业股票严重下跌,盈利状况恶化甚至面临倒闭。

但是,互联网的发展并没有因泡沫的破灭而停滞不前。如今,互联网公司数目以每年近 50% 的速度增长,且从 1995 年全球不到 4 000 万用户,增长到百亿级互联网用户。历经泡沫破灭,互联网企业经过短暂的低迷后稳健发展。道琼斯指数在 2001 年下跌至 60 点后便进入稳定的增长阶段,至今仍以一定速度持续攀升。

截至 2016 年 10 月,互联网公司包揽了全球市值的前五位。20 世纪 90 年代中期濒临破产的苹果公司,1997 年市值不到 40 亿美元,到 2014 年 11 月已创造 7 000 亿美元市值纪录,短短 18 年间上涨近 200 倍,而今天更以 6 170 亿美元的规模位居全球第一。连互联网泡沫都没有经历的 Google 和 Facebook 以 5 611.6 亿美元和 3 709.5 亿美元位居世界第二和第五。亚马孙则从互联网泡沫中完全复苏,股价从 2001 年最低谷 6 美元一路涨至今天的 790 美元,并以 3 861.3 亿美元市值位居全球第四[①]。

---

① 　资料来源:Yahoo Finance.

不仅如此，在互联网产业快速发展的大背景下，电子商务迅速崛起并持续发展，全球最大的国际贸易电商平台 eBay 及近期上市的阿里巴巴都有着蓬勃的生命力。泡沫破灭后互联网迅速崛起带来了互联网发展史上又一个新的飞跃，互联网在泡沫后的发展，全面改变了人类生活。

光伏行业的增长可看作是继 2000 年互联网泡沫破灭后的又一次科技泡沫。从古根海姆全球光伏指数可以看到，在 2008 年金融危机以前，对于光伏行业发展前景的憧憬和期望就导致了全球范围内对光伏行业估值的虚高。该指数在 2008 年第一季度一度上升到 300 点以上的高位。即使在金融危机的冲击下，该全球指数仍在 250 点的位置维持了近半年的稳定行情。而接下来的六个月，该指数一路下跌至 60 点附近，并在接下来长达八年的时间内低位震荡。泡沫带来危机，但对投资者的教育和行业的健康发展是一次深刻的刺激。互联网和光伏产业在去泡沫化后，行业发展总体增速放缓，但行业发展趋向健康合理，更多的资本投入和智力投入催生了自单晶低效率太阳能转换之后太阳能行业技术全面的升级和光伏材料的不断创新。

从 1636 年爆发的荷兰郁金香期货泡沫，到 1720 年南海公司股票泡沫，19世纪美国和英国的铁路泡沫，再到 1929 年美国大萧条前的技术创新浪潮，直至 2000 年互联网泡沫和最近的光伏产业泡沫，悲观地看，泡沫没有停止重蹈覆辙。从愿景及其传播与实现看，东方文化和财富以郁金香这一象征载体传入西方，英国实现拥有海上霸权的日不落帝国之梦，美国科技创新推动其成为全球第一经济体，互联网改变整个人类的生活方式，太阳能的转换能效的提升造福整个人类的能源和工业结构。

三百多年以来，金融市场所记录关于泡沫的数据，为理解人类行为提供了依据。一种新的历史观，能够建立在对泡沫本质的认知上。人类发展史上，一种科技、理念甚至是制度的创新和确立，都要经历一个类似泡沫化的过程，来凝聚更多人的意志基础和物质基础进行推动。金融市场，利用资本力量加速这一过程，并以资产价格的数值波动记录了人类相关行为的历史，从而使泡沫变得更为显著。

人对未知世界和未来收益的愿景（vision），想获得更多的冲动（impulse），泡沫过程中受到的理念普及（education），以及泡沫破灭后对理念持续的坚持发展与实现（actualization），才是一个泡沫周期的完整过程。一小部分能够洞悉并探索未来的精英并不足以改造世界，只有通过传播和扩大一个愿景，使更多的普罗大众相信并跟进，才能使更多的智力和财力投入到对未知世界的探索和改造之中，完成愿景的实现。这个愿景可以是科技创新，可以是制度优越性，可以是国家发展的蓝图和雄心，但也不能排除完全主观的信仰和幻想。当更多的普罗大众开始或理智或盲目的跟进，泡沫开始形成。当市场中的资源已无法满足这一成长过程中短期的收益诉求，甚至这种成长预期和愿景已经蜕变成金融市场纯粹的卖空博弈时，泡沫必然破裂。

泡沫的过程，使普罗大众甚至精英付出巨大代价，但愿景和理念得以传播。对未知世界的探索凝聚了更多的智力和财力，使其得以更大范围地加速发展。整个泡沫过程中，人的行为动力，很难用"理性"和"非理性"来严格地区分。每一个泡沫的参与主体，都受到统一的认知力量驱动——自我肯定需求。个人和群体的自我肯定需求使这些历史推进过程得以发生，也使得人因为对未知领域的发展趋之若鹜而最终蒙受损失成为必然。

对资产泡沫形成的原因和动力，学者给出不同的解释。较早，凯恩斯在1936 年将投资者趋同行为造成的股价剧烈波动描述为"一群无知无识群体心理的产物，自然会因群意的聚变而剧烈波动"。20 世纪后续针对资产泡沫的研究围绕"理性人"和"市场有效"的假设展开，形成了理性泡沫论和非理性泡沫论。

理性泡沫论，如新古典经济学、信息经济学理论，尤其是有效市场假说认为，市场中不可能出现资产价格泡沫，即使有也是理性资产价格泡沫。但禀赋效应、长期无限交易、借款限制等严苛的约束条件已经脱离了市场的真实交易状况。

非理性泡沫论，如行为金融理论，将资产泡沫的成因转移到对人的心理和行为机制研究上。肯尼曼（Daniel Kahneman）认为人的决策因为个体的关注和处理能力有限,而表现出对外部参照条件(如收益和损失变化)具有更高的敏感性,这是构成非理性行为的基础。希勒引入"动物精神"概念,认为信心、公平诉求、腐败欺诈、货币幻觉和故事一并构成了非理性繁荣(irrational exuberance)的心理基础。

我们认为,对泡沫背后人的行为的理解,应该深入到人的认知层面,而非仅停留在"理性"和"非理性"的二分上。在总结了东西方 2 000 多年的财富流转历史基础上,我们提出,每个人经济行为甚至社会行为的根源性需求都是自我肯定需求,即如前文所说的"只要有可能,人对自己的评价一般高于他认知范围内的平均水平,在分配环节他更希望得到高于自己评估的份额"。自我肯定需求,是人能够在特定条件下生存下来的刚性认知基础。外部环境的恶劣和自身有限能力的落差,使人首先必须倾向肯定自我,才能实现下一步与环境交互、改造环境的可能。

金融市场的特点,使自我肯定需求得到极大的刺激,而满足方式变得单一,人面临的市场环境更为恶劣。但是,高度的资本流动性和资产价格波动性为投资者的自我肯定需求的满足提供了极大可能。即使面临投资标的不确定的未来收益,自我肯定需求也会驱动人坚信自我的决策,即使选择是盲目甚至错误的。只要市场中出现较为明显的上涨波动信号,投资者对投资标的就会发生一定的趋同选择。当一部分群体获得收益时,这种落差将造成更大范围内收益预期的增长甚至是幻象。整个市场中自我肯定需求的缺口快速扩大,进一步多轮的标的价格上涨最终导致更多从众行为。

自我肯定需求推动人坚信自己的盲目行为具有合理性,最终导致泡沫的不可避免。整个市场中,财富的增长与投资群体的自我肯定需求恒存在缺口,是使金融市场中泡沫永远存在、历史不断重演的人类认知规律基础。但是,这个缺口的填补依赖于整个市场中的实际财富规模。当外部资源,不足以满足整个市场疯狂扩大的自我肯定需求时,泡沫终将破灭。泡沫的顶峰,金融市场中出现卖空行为的背后,除了纯粹的套利,更有相当数量的投资者的认知基础,正是自我肯定需求推动下愿景的突变导致对行情的反向操作。

这一信号更加速了泡沫的快速崩塌。

历史上金融泡沫的重蹈覆辙,正是建立在人牢固的自我肯定认知基础之上。自我肯定需求的发现,对"非理性"和"理性"行为的二分,是一次消解。自我肯定需求制造泡沫、导致金融危机,但自我肯定需求是人得以生存和改造世界的最底层认知基础。互联网泡沫、光伏产业泡沫加速了人类对科技的探索进程。外部资源充足时建立本国发展制度的优越性和合理性,也可近似看作自我肯定需求推动下的泡沫过程。自我肯定需求,产生于人的认知,制造危机的同时,传播理念,凝聚人类群体的力量,推动人类对未知世界的不懈探索。

# | 03 | 第三部分 |

## 青 萍 之 末

为什么只有人类产生了高级智能？

很多人认为直立行走是人类的决定性标识，但我们知道袋鼠抑或1亿多年前的霸王龙、迅猛龙等其他物种其实已经实现了直立行走，可它们并没有发展出高级智能。也有人想过用性选择（sex selection）回答这个问题，可它的提出已经超出"物竞天择，适者生存"的范围，而将（雌性）动物的主观偏好纳入其中，而且性选择并不是人类独有的特征。人类是唯一需要衣服来维持身体恒温的生物，敏感的皮肤会不会就是人类智能持续进化的决定性因素呢？

我们提出触觉大脑假说，指出人在进化过程中由基因突变引起的毛发减少、皮肤变敏感，为人体与外界提供了明晰的物理边界，也为人对于"自我"和"外界"的剖分（原意识）提供了物理基础。正是触觉这种不可磨灭的印记，使人之所以为人，之所以为万物之灵。

自人出生始，"自我意识"就在我们和世界有意无意的触碰中发端。如风起于青萍之末，浪起于微澜之间，"自我"微妙的发端使个体从诞生之时起，就不断地探索，确证"自我"的存在。

雏鹰破壳而出，弱蛹破茧成蝶，生命在摸索中不断打破"自我"的壁垒。从呱呱落地时起，世界就开始与我们建立千丝万缕的联系，我们用世界观照自己，又凭借自己的意志影响世界。最终，"自我意识"、"舞于松柏之下"、"翱翔于激水之上"，不断创造生命的奇迹。

## 第十一章
# 为什么是智人

　　成人的大脑约有 1 000 亿个神经元,相当于银河系内的恒星数,有超过100 万亿个突触,数据存储量约为 1 000TB,这对于现在的电脑来说仍是一个非常庞大的数字。但其实婴儿一开始在母体内时,大脑内神经元之间的连接还是很少(或很弱)的。

　　婴儿刚出生时的脑重量约为 370 克,两岁时,脑重约为出生时的 3 倍,三岁时就已经接近成人的脑重。大脑内突触数量在人五岁时就已经达到顶峰。在这个阶段,脑重的增加就伴随着神经元间的连接大量增加,以及弱的连接得到了加强。

　　我们很多人都观察过身边小孩的成长,对于自己的成长也还有些朦胧的记忆。我们总会看到,小孩子在爬上爬下,努力地接触一切他能够接触到的东西,用他那一双澄澈的双眸打量周遭的世界。

　　在这个阶段,婴儿真正脱离了母体的环境,开始直接地承受来自外界的强烈刺激,比如冷暖、疼痛等。以皮肤为边界的触觉系统让他清晰地感受到"自我"的存在。比如,当他不小心碰到了桌子,会观察到只有自己产生了疼痛的、不舒服的感觉,但桌子并没有反应,而爸爸妈妈在旁边也没有什么异样,恰恰就是这些强刺激使婴儿不断确认了"自我"的存在,产生了"自我"与

"外界"的区分意识。

Portmann 提出的"分娩困境"暗示：由于直立行走限制了母体骨盆的大小，婴儿在大脑尚未发育完全的时候就必须分娩出，否则会因为脑部太大而无法顺利通过产道；但如果没有骨盆大小的限制，婴儿在母体内应当发育出比较成熟的大脑再出生才更好，这也意味着母亲应当有长达 18～20 个月的孕期。但是我们认为，婴儿的大脑在婴儿出生后再发育成熟会更有利于婴儿的未来发展，因为只有在感知世界的过程中再建立大脑内神经元之间的连接才能使个体产生强的自我意识和卓越的智能（见图 11-1）。早产儿的一些特征值得我们关注。

图 11-1　随着经验积累，"自我"也在不断成长

关于这个问题，我们还可以看看其他的旁证。比如，已经有科学研究表明，乌鸦懂得使用工具，相对于鸡鸭等鸟禽而言更加聪明。而这实际上与它们在破壳而出后差异巨大的成长方式有很大关系。小鸡刚出壳不久就能快速长出绒毛并独立行走与进食，而乌鸦刚出生时没有绒毛也没有视力，无法离开鸟巢，需要亲鸟饲喂 1 个月左右才能独立活动。恰恰是在这出生后的早期阶段，乌鸦由于体征敏感弱小，更能强烈地感受到自身与外界的差异，因而能产生更强的自我意识，为其智能的进一步发展奠定了基础。

如果我们认为智能和自我意识是进化而来的，那么进化本身是不是一定会产生高级智能呢？

回答这个问题，我们可以参考另一个物种——恐龙。恐龙最早出现在 2 亿 3 000 万年前的三叠纪，灭亡于 6500 万年前的白垩纪晚期，在地球上生存了 1.7 亿年，在很长一段时间里都是地球的霸主。而人类从智人至今也不过 700 万年左右。也就是说，智能的高速进化其实是在过去的几百万年内完成的。虽然人类的历史还不及恐龙的零头，但没有任何证据表明恐龙曾具有高级智能。当然，恐龙体型庞大，是捕猎好手，可能像老鹰一样，具有很强的视觉能力，那么这也说明视觉的发达并不能使之产生比人更高级的智能（见图 11-2）。

好智力 ≠ 好视力

图 11-2　强的视觉能力并不意味着高级智能

这也就意味着，人类的进化比我们原来想象的要更难。人能够生存下来，需要皮肤足够敏感。我们是从进化而不是个人发展的意义上来讲，触觉更重要。佛家说眼耳鼻舌身意，眼是摆在第一位的。这个"眼"代表视觉。通常我们都觉得视觉很重要，但视觉其实是更晚期的进化产物。而且相比于触觉，视觉和内分泌系统的关联较小，因而不大容易让婴儿产生"自我"与"外界"的区分。很多生物具有高度发达的视觉系统但没有与人媲美的智能可能就是因为视觉、嗅觉等刺激不容易将生物体所处的"自我"与"外界"区分开来。我们认为,触觉有利于产生个体的感觉,这种感觉就像物理学中的"吸引子",一旦产生就不易消失,因而触觉才是产生高级智能更为重要的因素。相对人类而言,恐龙皮糙肉厚,这可能就是恐龙未能发展出高级智能的原因。高级智能似乎不是在足够长的时间内单纯依靠"物竞天择,适者生存"的进化就能达到的。

在大脑快速发育的过程中,个体不仅要具有清晰的边界,还要能适应环境生存下来。因此,只有在特殊条件下产生的基因突变,才能导致高级智能的诞生。在宇宙中,有高级智能生物的星球也因此可能非常稀少,费米悖论[①]可以看作支持这一观点的一个间接证据。高级智能从进化的角度来讲其实是少之又少的。

**思想实验**

基于以上发现,我们完全可以设计出一系列的验证实验。例如,可选取繁殖周期较快的动物,如小白鼠等,分成几组进行饲养研究,针对大脑发育关键期对不同组设定不同的环境条件,培养几代后观察其智力表现。

在我们目前所知的物理世界中,物体的大小从以夸克相互作用为标志的$10^{-19}$米量级,一直延伸至$10^{26}$米的宇宙边际,而我们所知道的一切生命体都在一个相对窄小的区间里:细菌和病毒可以小于1微米,也就是$10^{-6}$米,最高大的红杉树可以高达100米,美国俄勒冈州蓝山山脉下的蜜环菌大概有4 000米宽。当我们讨论已知的有知觉的生命时,它们体量的区间就更小了,大约只占其中的3个数量级。

计算理论方面的进展表明,知觉和智能可能需要$10^{15}$个原始的"电路"元件才能发展出来。如果生物计算机的和人类大脑差不多大,也许能发挥出我们所拥有的能力。

假如我们能在人工智能系统中制造出比我们的神经元更小的神经元,那

---

① *Fermi paradox*. https://en.wikipedia.org/wiki/Fermi_paradox. 维基百科 . 2016 年 1 月 30 日.

么这些神经元的行为也更加简单，并且需要大规模的上层建筑（能源、散热、内部通信等）为它们提供支持。因此，第一批真正的人工智能很可能会占据和人类的身体差不多大小的空间，尽管它们基于的是本质上与人类大脑不同的材料和结构。这又一次暗示了米级大小的特别之处，也从又一个侧面说明了高级智能必须在相对宏观的尺度上产生。因此量子效应与智能的相关性十分有限。

如果具备智能的生命体是在较为宏观尺度产生，这种宏观性是否有一个上限？或者说，在数量级范围中靠右的一端有智能或生命吗？巴罗斯（W. Burroughs）在他的小说 *The Ticket that Exploded* 中，想象在地表之下，生活着"一个接近绝对零度的巨大的矿物质意识，通过生成晶体思考"。天文学家霍伊尔（F. Hoyle）则描述了一个有知觉的超智慧"黑云"，它的大小和地日距离相当。在黑云之后又出现了"戴森球"的概念，一种将恒星完全裹住并捕捉它的大部分能量的巨大结构。

这样的生命形式究竟可以有多大？要产生思维不仅需要一个复杂的大脑，还需要充足的时间来形成。神经传递的速度大约为每小时 300 千米，这意味着信号贯穿人类大脑的时间在 1 毫秒左右。因此，人的一生中有两万亿次信息贯穿时间。那么，如果我们的大脑和我们的神经元都变大 10 倍，而寿命和神经信号传递速率保持不变，我们一生的想法就会减少至原来的十分之一。

假如大脑变得巨大，比如说和太阳系一样大，并以光速传导信号，贯穿同样数量的信息所需要的时间便会比宇宙当前的年龄还长，没有给演化留下一点时间，问题就更严重了。因此，我们可以得出结论：和人类大脑复杂度相似、大小又在天文量级的类生命个体是很难想象的。就算它们真的存在，实际上也没有时间去实现任何事。

# 第十二章
# 意识的起点

我们将"原意识"定义为：对"自我"的直观、对"外界"的直观，以及将宇宙剖分成"自我"与"外界"这一简单模型的直观。

这里的"直观"，可以理解为 qualia（可感受的特质，单数形式 quale）。人能够形成红色的概念，并将很多波长具有差异的红色封装起来，认为那些颜色就是"红"。颜色是简单的特质，在其他复杂的客观世界呈现面前，人受能力局限却又得益于这种局限，会建立最原始、本源的模型去感知那些特质，形成概念化的封装、认知。这个最原始、本源的模型，就来自"自我"与"外界"直观的原意识剖分。

生命个体对光线明暗/颜色的感知能力是由该个体的基因决定的，但人对于明暗/颜色的直观/qualia 是后天在大脑中形成的。世界上可供感受的特质有很多，但可被感受的特质确实很有限。Kay 和 McDaniel 的研究总结出各种颜色如何出现在我们的语言表达中，发现：如果只有两种色，一定只与黑和白有关；如果有三种色，一定是黑、白、红；假如有五种，一定是黑、白、红、黄、绿。这就说明了人产生强烈的颜色概念是从最简单的黑白分化开始的。这也给了我们一个线索来理解人是如何认识世界的。

认识的起源就是一个简单的剖分，而剖分的原型就是"自我"和"外界"。

如"阴阳""上下"等概念的产生都是从"自我"和"外界"类似的剖分迭代出来的。在剖分之后，具体的内容是有待填充的。这个填充过程是依赖于"自我"像生命一样成长的，而成长过程又与"自我肯定需求"紧密相连，这样就构成了一个整体。触觉大脑假说是指明了意识初期是如何产生的，它不同于神创论或者外星人点拨的想法。我们认为人类在进化过程中是会演化产生自我意识的。

人有了对"自我"和"外界"的区分，自然也就明白了何为"自我"，何为"非我"，即人关于"自我"和"非我"的概念对（pair）随之产生。有了这种概念对的原型，很多复杂的感知就可以封装成概念对，比如"上"和"下""黑"和"白"以及"这里"和"那里"，等等。建立概念是人类智能的突出表现。概念形成的初级状态，是用来指称某种差异性，或者说是一种粗略的分类，概念的对立性也是从这一初级状态发展而来，而人最底层、最基本的差异性认知即来自对"自我"和"外部"的剖分。"上"和"下"这样的概念对，就是在这一层面，与人认知底层的"自我"和"外部"概念对本质上是同构的、类比的。

也正因为如此，概念的产生可能一开始是非常模糊的，在不断（群体以及代际之间）的迭代后才会更加明晰。例如，对婴儿而言，开始他只能够区分能吃的（如苹果和橙子）和不能吃的（如塑料玩具）。这时候，对他而言，苹果和橙子可能是同一的，但随着经验的积累或者父母的指导，他能通过味道、形状或颜色等开始区分苹果和橙子。那么这一阶段，即便两个苹果是两个单独的个体，婴儿仍能将它们归为同一类。再到后来，给两个味道一样的苹果，婴儿还能判断是两个不同的苹果。有了对"同一性"的认知，它的对立面"差异性"就有可能变得更清晰，这就是同一性和差异性的反复迭代。概念的演化、人的认知进化过程也是如此发展而来。

也正是这样一个不断迭代的过程，使得生活中许多概念不断地清晰和细化后又会越来越显得模糊。比如，先有"黑"和"白"的区分，人们才会有对"灰"的感知，然后才有了"深灰色"和"浅灰色"等概念；先有"明亮"和"黑暗"的认知，才会有"灰暗"的概念产生，继而还衍生出了一系列意思相近的"昏暗""晦暗"等词语。

　　皮肤这一明晰的物理边界使人类对"自我"和"外界"的剖分非常确定,并能够毫不费力地辨别"自我"与"外界"的内容,这有助于将"原意识"的直观传递给他人。

　　原意识定义的剖分是确定且恒真的,但"自我"与"外界"的边界则不清晰。皮肤是"自我"与"外界"最初的边界,但这一边界不会一直停留在皮肤这一层次,而是既可以向外扩张也可以向内收缩的。也正因为如此,原意识难以被发现。自我意识不是一个先验的存在,是大自然的巅峰之作。

　　原意识最早期的延伸就是食物。比如,人将果子抓在手里了,就会认为果子是自己的,不希望被他人夺走。下一阶段就是领地意识,不仅在手中的果子是自己的,这棵树上所有的果子都是属于自己的,不希望有其他人来采摘。动物不希望别的动物喝河里的水,因为它觉得河水应该是只属于自己的。工具是手的延伸,家庭是个人的延伸,新闻媒体是人类的延伸。这种认定自己身体之外的自然物属于"我"的倾向,可以称为"自我肯定认知"。

　　如领地意识等就是自我意识的边界向外扩张的体现,而当我们讲到"自我"的时候,其实指代的是内心,这就是一种收缩的表现。我们常常认为"内心"更能够代表"自我",而不是我们的皮肤或四肢。这里"我"指的是心灵,而非身体。当"自我"的边界经常发生变化并变得模糊时,"自我"这个概念也就可以脱离物理和现实的束缚而存在。人的自我意识一旦可以脱离物理边界而存在,就为"自由意志"或是"主观能动性"留下了空间。例如,一个人开了

图 12-1　"自我"可以延伸到占有的物品上

公司，于他而言，公司就是其自我意识边界的延伸，由此而来的广义上的边界就被我们称为"认知膜"或是所谓的价值体系。

**思想实验**

如果比较对领地意识很强和很弱的动物，同样地给它们做记号、照镜子，领地意识强的动物很可能很容易就能产生自我意识。这是可以通过实验验证的。

明斯基认为意识是一个"手提箱"式的词语，用来表示不同的精神活动，如同将大脑中不同部位的多个进程的所有产物都装进同一个手提箱，而精神活动并没有单一的起因，因此意识很难厘清。我们认为，把世界剖分并封装（encapsulate）成"自我"与"外界"是革命性的，它使复杂的物理世界能够被理解（comprehensible），被封装的"自我"可以容纳不由物理世界所决定的内容，想象力和自由意志（主观能动性）也因此成为可能。

我们认为，人类和机器的很大差异在于是否具有"直觉"，想要让机器具备人类智能，我们首先就要探究人类的直觉是从何而来。相比之下，直觉本身并不是很难理解，由直觉开始，我们进而发现了"自我"与"外界"的剖分，并将之定义为"原意识"。彭罗斯也使用了"原意识"的概念，他和他的合作者认为细胞里的微管能容许量子效应产生，而其他结构则容易退相干无法允许量子效应产生影响。由于每个粒子和引力波有原意识（与我们的定义不同），叠加起来人就具有了意识。但是，我们认为这个解释过于间接，而且到目前为止，大家其实并没有更进一步的理论支持说明原意识到底是什么。我们认为，人类并不需要到粒子层面或量子效应才能理解意识，有两个例证说明意识与量子效应的关系并没有那么大。第一个是粒子的纠缠态，这与意识的特点可以说是相违背的，因为纠缠得越强烈，粒子越不可能产生独立性，而没有独立性的话就不能产生自我意识。量子效应很可能是在生命早期的进化过程中起作用，比如细胞的产生等，但目前还不清楚。第二个是因为人体相对粒子是宏观的，如果意识与量子效应关联密切，那么我们应该在更微观的尺度上就能观测到自我意识的现象，而不必是人体这么宏观的尺度上才出现。

# 第十三章
# 自我意识与高级智能

在人类进化过程中，我们还没有发现比"进化论"更合理的解释。即便有人认为是上帝创造了整个世界，也因其太过久远而无从考证。物质世界产生了生命，而生命最重要的特征就是记忆。在最初的复杂系统中，一定有一个周期的或准周期的外力推动或刺激，作为产生记忆的动力。比如火山喷发周期中周围环境的酸碱度变化，再比如日升月降、昼夜交替的变化等，应该是有一种较为频繁的、准周期的外力作用，才使得生命初级形态和最初记忆的形成。没有记忆就没有生命，DNA 的本质就是一种记忆，而记忆的产生更是一个谜。这个谜的答案可能与物理世界的领域更加相关，但无论如何，记忆都是生命与智力产生过程中不可或缺的一个环节。

原意识是人类认知结构的开端。当概念体系、信念体系和价值体系（认知膜）从原意识中逐渐衍生出来之后，"自我"和"外界"的边界逐渐模糊。"自我"更像一个生命体，需要不断补充养分，满足自我肯定需求使其生命得以维系，从而确立一种"实存"。

为何命名为"认知膜"而不是"认知空间"呢？认知膜是借鉴细胞膜提出的一个概念，目的是理解中国在过去三十多年里经济为何能够高速发展，而非洲没有产生经济奇迹，苏联走向了崩溃（参考第七章）。为了能够整体视角地分析问题，理解国家的兴衰，必须引进认知膜的概念。认知膜像细胞膜一样，保护内在的空间，吸收养分以滋养内在，在承受外界压力的时候也能够保持维护自我的稳定。"核"可以理解为"自我"，但"自我"到底是什么呢？可以有两种理解方式：一种是所有的感觉系统指向的、触碰不到的那个顶点；另一种理解是自我就是认知膜本身，实际上可以是没有核的。"膜"重要的功能就是保护自我认知的存在，通过外界对认知膜的不断刺激、汇合，我们就能确认"自我"的"实存"，一个难以被怀疑的存在。

在个体生命的开端，认知膜可以简单地理解为皮肤。在这个阶段，个体几乎没有对"自我"的意识，需要通过皮肤的触感，过滤"外界"对"自我"的刺激，逐渐感知并确认对自身独立性的认识，产生对"自我"与"外界"的观念，即形成原意识。

对"自我"与"外界"的剖分一旦出现，认知膜快速生长，所包含的内容就不再只是皮肤这一物理边界。虽然皮肤作为"自我"和"外界"的物理边界是清晰的，但"自我"和"外界"的边界不会一直停留在皮肤这一层次，而是会向外延伸，逐渐变得不清晰：对外界的认知不清晰，对自己的认知不清晰，两者的边界也不清晰。但即使不清晰，两者的剖分是恒真的，也正是这个剖分，让人们首先确立了一个对"自我"和"外界"的区分意识，进而演化为"自我"与"外界"的观念。随着"自我"与"外界"的边界发生变化，向外延伸抑或向内收缩，由此产生的弹性空间的内容都属于认知膜的一部分。在某些情况下，认知膜也可以看作"自我"。对每个人而言，有不断的刺激让我们感受，使自我的意识不断丰富，也让我们对外界的认识不断加深。

自我意识可以说是一种幻觉。对人类而言，"自我"一开始的确就是各种感觉的综合。因为这种剖分是所有逻辑的起点，所以正是在人有了原意识、能够剖分出"自我"与"外界"时候，人类认识世界才成了可能。在触觉大脑假说理论中，我们就不再需要任何神秘的、先验的因素来帮助我们理解人类的智能。正由于在人类大脑快速发育的阶段，皮肤有敏感的触觉，刺激我们产生了关于"我"的幻觉，随着刺激的加强、感觉的不断深化，最终"自我"就成了

"实质"的存在,在这种"实存"的基础之上,再讨论"灵魂""精神"等问题才成为可能。

我们尝试用一个简单的假说来统一解释一些看似冲突或离散的现象,这正是运用物理学家们从第一原理出发的成功经验。用尽量少的概念,从底层来阐述这个理论。这几个概念本质上是在一个简要的切入点上的共核概念体系,从不同的层次解构人类智能,揭示自我认知在不同维度的表现形式,形成一个统一且自洽的解释框架。

哺乳动物有一套完整的感觉系统,基因突变引起的毛发减少、皮肤变敏感,为人体与外界提供了明晰的物理边界,也为人对于"自我"和"外界"的剖分(原意识)提供了物理基础。随着大脑快速发育、神经元不断建立和强化连接,这种关于"自我"和"外界"的剖分演变成关于自我和世界的观念,形成强烈的自我意识,才能进一步探寻"自我"和"外界"的关系,进而产生高级智能。这整个演化过程我们定义为"触觉大脑假说",如图 13-1 所示。

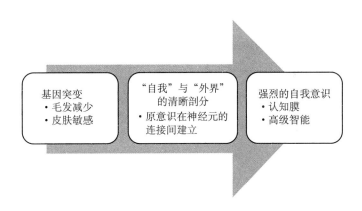

图 13-1　触觉大脑假说

如表 13-1 所示,触觉大脑假说明确了触觉为区分"自我"与"外界"提供了物理基础,因而在人类智能进化过程中有着特殊地位。原意识是个体认知的起点,是关于"自我"与"外界"的剖分这一认知原型的直观,能够通过代际传承。认知膜包含了人的概念体系、价值体系和信念体系,个体认知不断深化,认知膜不断扩张,为"自我"的成长提供保护。

表 13-1　触觉大脑假说及相关概念的主要内容及对象

| | 内　　容 | 对　　象 |
|---|---|---|
| 触觉大脑假说 | 自我与外界的区分<br>（触觉的特殊地位） | 生物认识能力的进化 |
| 原意识 | 对自我/世界/模型的直观 | 代际之间的传承/进化 |
| 认识膜 | 概念/价值/信念体系 | 个体认知的深化 |

　　触觉大脑假说是指基因突变使得人能对外界的刺激产生反应，形成一个强烈的"自我"与"外界"的剖分，可以在代际之间进行传承，还可以在同类之间进行传递。"自我"与"外界"的边界在一开始可能和皮肤有关系，但随着经验增多，边界可能会变得模糊，这也是为什么它很晚才被发现。

　　我们讨论的这些概念，并不是像西方所说的有一个先验的东西存在，而是我们的原意识在起作用。触觉大脑假说更多的是强调"自我"和"外界"的区分，更侧重于进化，而认知膜更注重整个概念体系，当然它也是不断进化的，最初也是经过皮肤这一物理边界为起点，不断演化成概念以及对世界的理解，等等。人与人之间能够进行交流、人类能够发现宇宙中那么多规律性的东西，都是源自一开始最简单的"自我"与"外界"的剖分。

　　触觉大脑假说也可以说明人类对认知、伦理的理解与两千年前的差别并没有那么大，就是因为人类对"自我"与"外界"的剖分是同一的，只是在具体情形下赋予具体的内容，因此即便其中的细节有差异，但整体的框架是很难打破的。这也并不是说框架都是绝对好的，比如"阴阳"的框架，虽然有正负电荷之分，但到目前为止我们只认为有正质量，没有负质量，这样，在一些框架不适用的情况下，我们应该找到新的、更全面的框架来解释问题。

　　回到生命本身，很多人就会有这样的疑问：生命的智能到底是从哪里来的？实际上就是从原意识、从区分"自我"与"外界"开始的。因为这种区分的基础就在于身体和外界之间有一道明晰的物理边界——皮肤，所以在对影响人类智能进化的进程中，触觉比视觉更加重要。皮肤敏感并不是高级智能形成的充分条件。

　　我们试图从敏感触觉——"自我"与"外界"剖分的原意识——认知膜这

个统一的框架来回答复杂的问题，皮肤的敏感触觉是整个逻辑链条原点（科学发现尤其是物理学的重要发现也并不完全是逻辑推导的结果）。诚然，"人类敏感皮肤是智能形成关键"的这一判断，还有待文中所提的实验和人类进化的事实来支持。但就这一猜想本身来讲，从"自我"与"外部"剖分而发散、衍生出的人类智能，最初的原点，只能是来自区分"自我"与"外界"的媒介——敏感的皮肤，因而触觉大脑假说实际上是一个必然的结论。

亚里士多德也曾从事解剖学，他有一个失误，就是将神经束与肌腱相互混同，这使得他将感觉机能统归之于心脏。而这个错误，直到约五百年后人们发现神经网络才得以纠正。亚里士多德的这一错误，在中国、印度等古代文明国度探索生命奥秘的过程中也统统没能避免。

即便今天，我们还在沿用"心灵""心中所想"等词语，这也说明人类学习知识的重要方式之一就是依赖于观察。虽然在当时的情形下，人类受限于认知范畴与科技水平，所观察、理解到的事物趋于表面，但人们仍然会去尝试、猜测并且不断摸索。心脏跳动等反应是我们容易感受到的，而脑部活动却很难被察觉，所以当时人们倾向于将直觉归结于心脏而非大脑。直到后来"意""识"的出现，人们才把这一切活动逐渐归到大脑。这也反映出人的认识是逐渐发展而来的，在完全认清一个事物之前，人会猜测各种可能性，也许会像亚里士多德那样猜错，但这并不影响人继续认识事物，而且至少在当时的环境条件下，这样的认识仍具有足够的指导意义。当时的人类即便认为感觉机能源于心脏，也还是能发展出"灵魂"等上层建筑的概念。

肯尼曼在《思考，快与慢》中把人认知快的部分称为 System 1（系统 1），这一部分是与人的直觉相关的。人在区分自己与外界的时候是一个二元的系统，但产生的神经细胞却能够站在第三方进行思考（Mirror Neurons），而这一切的开端就是区分自己与外界这么一个简单的二元体系，然后人开始站在第三方进行思考，逐步地认识这个世界。儿童看电影总是以好人、坏人进行描述，形容词基本上都有反义词；这些都是二元体系的表现。System 2（系统 2）是推理与逻辑的部分，也是较慢的部分，实际上 System 1 里的部分内容随着时间的推移，是可以向 System 2 转换并存储的，这些是计算机完全可以模拟的，然而 System 1 的部分是目前计算机无法模拟的。

索罗斯（George Soros）师从波普尔（Karl Popper），提出了两个基本原则：一个是易错性原则；另一个便是反身性原则。易错性原则强调事件参与者对于世界的看法具有片面性，反身性原则上承易错性原则，强调错误的观点会导致不适当的行动，从而影响事件本身。同时，索罗斯也承认大脑的结构是易错性的另一个来源。索罗斯的观点被广泛用于金融市场，但并没有过多地涉及人类认知的领域，因而也没有在人类的层面上继续深入地追溯前因后果。

我们认为，基于触觉大脑假说，"易错性"是客观存在的，一方面是自我肯定需求的存在使得人在面对光怪陆离的世界时，会主动地选择肯定自己。因此在认知膜中会形成相适应的观点，而观点的形成不一定是为了追求客观或接近真理，而是为了强大人的内心，使之屹立不倒。另一方面大脑思维的跃迁性使得人能够联想到各种各样的观点。虽然因为认知膜的存在，各种观点被选择接受的可能性并不同，但也没人能够保证自己的选择就是完全正确的。而就反身性而言，我们的理论认为这是一种动态的迭代作用，认知膜的存在会影响人的行动，而行动的结果又会反过来影响认知膜的结构，这本质上还是"自我"和"外界"这一基本剖分的迭代。

索罗斯在这两个基本原则的基础上还得出了不确定性原理，以解释意图和行动以及行动和结果之间的某种必然偏差。这种不确定性的存在本质上还是由"自我"和"外界"的迭代决定的。思维的跃迁性让人想到了事件的各种可能，这些联想影响了人的行动，行动改变了事件的走向，而事件最终又会反作用于人的认知膜。思维跃迁的存在使得人能够预见到未来的各种不确定性，自我肯定需求的驱动则使得人将根据预测做出满足自我肯定需求的行为，伴随着整个事件发展过程，这些行为就体现在对于事件走向的修正，而不确定性也就伴随着人为的修正而产生了。

中西方哺育方式的不同也造成了文化的差异。中国的传统，婴儿从出生起受到照顾的时间更长,基本上受到父母全天候的守护与陪伴,这也让中国人内心更有安全感。相比之下,西方国家的婴孩较早地断奶,睡觉也与父母分开,这的确让培养出来的孩子更有独立性,但也使他们的内心底层缺乏安全感。安全感对文化而言很重要,东方人很少相信一切事物都需要终极的主宰,因为我们相信自己就能完成、掌控;但西方人必须有信仰才能很好地生存。

犹太人在这一点上的表现尤为明显。他们创立了一神教(得以依赖的最终的那一点,这是较为松散的多神教无法给予他们的),用以慰藉心灵抵抗非常恶劣的生存环境。虽然从犹太教中诞生了基督教和伊斯兰教,可是犹太教一直都是作为一个民族宗教而存在的,且不允许非犹太人入教,这也反映了犹太人对于他们信仰的虔诚。一神教的出现,为现代科学奠定了基础。西方人相信现象的背后一定有一个终极原因而不是一堆复杂的因素,因此会要刨根问底,最终也真的找到了这个原因。

不仅是人类,任何生命体都有一定的自我意识,只不过这些自我意识有明显的强弱之分,有的生命体对自我的意识十分原粗,而人类由于自身的生理条件与生长环境,形成了很强烈的自我意识。这种意识引导人类从主观上将混沌的世界区分开来,首先就是对"自我"与"外界"的剖分,可以看作是 self 和 otherness,但对于"自我"之中具体的内容,彼时还是不清楚的,是需要通过后来与"外界"不断的交互,经验的不断增加,才能够逐渐丰富对"自我"与"外界"认识的内容。这更像是一个生长过程,而非单纯的累积过程。这就与目前的计算机不同,机器的"意识"是给定规则不断累积的,而人类的意识则是不断生长和理解的过程,试图让经验变成有机整体。就像小孩子背书一样,如果死记硬背并没有太大效果,而是必须理解内容才能真正变成自我意识的一部分。

"自我"像是一个生命体需要成长,但并不是说不需要外界的因素就可以完成。比如牛顿时期,大家认为生命是需要能量来维持的,到了薛定谔时期,就提出需要负熵才能维持生命系统。薛定谔也在《生命是什么》中提出了一种准周期的结构，这一结构后来被证明是 DNA 的雏形，是遗传信息的载体。我们认为"自我"的成长是需要某种补充的，这种补充比较抽象，我们定义为"自我肯定需求"，这种需求是使得"自我"与"外界"交互时得到一个主观上比较满意的回报，比如较高的评价，或者较高的劳动报酬，这样"自我肯定需求"就得到了一定的满足，有利于"自我"的成长。

自我肯定需求与认知膜的存在，使得人要不断地求知、求真，确立"自我"的"实存"，而精神贵族则能够使得自己的自我肯定需求不停得到适当的满足，自如地应对"外界"。"自我"的延伸或成长不仅仅局限在物理空间这个维度上。"内心"的"强大"实际上是"自我"的"圆融"，亦即当个体的自我肯定需求不停得到适当的满足，应对"外界"能够"融会贯通"，"自我"越来越强大，能够包含的内容也越来越多，成长到一定阶段，就可能达到一种超脱的状态，实现所谓的"从心所欲不逾矩"，即使受到在物理世界规律的约束，人依然能够按照自己的意志行动，从"必然王国"走向"自由王国"。而教育的理想，正是帮助每一个学习者形成其独特的科学思维方式，让他们用自己的方式"圆融"生命，最终成为真正的精神贵族。胡适曾有言："怕什么真理无穷，进一寸有进一寸的欢喜。"一次次探索之后，是个体对"自我"的确信，也是"自我"的更加圆融，人类智能也正是在这一次次的探索之中前进，最终爬到了"万物之灵"的顶端。

从物理角度看，人依旧是一堆原子分子，但物理方程不能描述出自我意识。在自我肯定需求的理论框架下，自我意识作为最核心的概念成为智能的出发点。有意识的个体都有资格成为宇宙进化中重要的参与者。因为有自由意志，能决定行动，会对物理世界产生实实在在的后果，并且能够不停强化自我意识，同时自我肯定需求驱使我们做更多，我们的内心更强大，会寻求机会表现自己，这就是一个正反馈。

前文也已经提到，自由意志正是以鞍点为切入点，进入了物理世界。在鞍点的位置上，我们只用花费极少的能量就能产生非常不同的结果（比如静止在山顶的石球，人力只需轻轻一推就可以决定向左或向右滚落）。人与世界交互的过程中有非常多的鞍点,所有具备自我意识的生命个体都可以做选择。我们不仅能在当下做出选择,而且能吸取过去的经验教训并对未来抱有期望,选择更有利于实现我们期望的做法。从这种意义上讲,人类的自我意识就可以穿越时空。在宇宙大爆炸的最初阶段,基本粒子纠缠在一起,彼此之间不大可能有独立性,因而不会有自我意识。只有宇宙成长到一定阶段后,粒子之间才会有较强的独立性(去相干),进而产生星体等独立个体。经过漫长的进化,产生出生命个体。生命个体首先要有独立性,然后才会有自我意识,有自由意志,有行动和后果,这一现象非常有趣。

自我意识会随着生命体成长而不断发展。在哲学上有一个"忒修斯悖论",假如把一艘船的钉子、木板都换掉,所有的零部件已经和原来的船完全不同,但实际上我们认为船还是那条船,这就是作为整体的重要性。组成人体的分子原子大约每 20 年就会完全换新,但我们都会同意"我"还是那个"我",因为"我"具有一致性和延续性。很多人认为,我们死后,"自我"就不复存在。但其实人进化到一定程度,"自我"概念不断放大,"自我"和"外界"的边界早已不局限于皮肤了。"自我"的概念可以向外延伸,可以延伸到理念,可能是写过的书、提出的理论,也可能是给学生、徒弟的传承,又或者对这个社会的贡献,等等。因此,即使身体死亡,"自我"并没有随之消失。

死亡是生命现象中最伟大的发明,它使得我们不会束缚在肉体的局限上,我们做过什么、对宇宙进化有过什么影响,这才是更为重要的。人对永恒有很多想法与尝试。像一个植物人单纯靠医学手段维持着生命,这难道不是死亡? 这真的是我们所追求的永恒吗? 假使一个人真的活了一万年,历尽沧海桑田,自我肯定需求早已满足,那生命继续下去又有什么意义呢? 未来医学必然会持续发展,人类的寿命也将逐渐延长,比如我们可以换掉衰老的器官,更甚一步可以将自我意识放在机器上,这都是有可能的。但所有这些方式,从自我肯定需求意义上来讲,仅仅维持"活着"这种状态其实毫无意义甚至是一种负担。当一个人厌倦一切,对所有的事物都不再有兴奋点,死亡可能是最好的安排。人的自由意志在世间走了一遭,对外界造成一些改变,这才是重要的。

　　每个人有自己的自我意识,而一个种群则具备这一群体整体的自我意识,并代际传递,文化就是种群自我意识的一种载体。不同种群之间的自我意识也能相互影响。"姹紫嫣红""夜莺鸣唱",生命进化出的美感,被诗人捕捉到作品之中,丰富了人类的自我意识。我们相信,人类的自我意识可以传递给驯养的动物。未来人类面临的挑战在于,如何将人类的自我意识传递给机器,以便与机器和平共处。作为对比,道金斯写了一本书叫《自私的基因》,认为基因不是生物体的一部分零件,而是生物体的主人,基因带有一个目的,就是把基因自身尽可能复制下去,从一个生物体转移到另一个生物体,不朽而永生。道金斯还提出,意识是基因自组织自演化的副产品,是这个宇宙里最为珍贵、稀缺,几乎不可能产生的特殊存在。道金斯的理论为很多无神论者所推崇,但其实他没有解释基因的目的性又是从何而来。

第十四章
# 理解何以成为可能

爱因斯坦说："世界上最不可思议的事情,就是这个世界是可以思议的。"

柏拉图坚信"理念世界"的存在。

康德认为将经验转化为知识的理性(即"范畴")是人与生俱来的,没有先天的范畴我们就无法理解世界。

图 14-1　充满创造力的爱因斯坦

人类与宇宙是同源的,这为人类理解世界提供了客观基础。我们说两者同源,主要有两点:外部世界的同一性,即每个个体虽然生长的起点不一样,但随着认知的深化、个体的发展,最终会发现他们面对的整个外部世界一样;内部构造的同一性,即不同的人之间有99%以上的基因都是完全相同的,生物结构上大部分也是一致的。

理解是一个相对的概念,理解的过程可以看作是认知膜融合的过程。比如当读者阅读并理解一篇文章的时候,读者自身已有的认知膜 A 与文章的知识结构 B 相融合,以 A 为主,将 B 融合到 A 中,读者自身的认知膜就得到了丰富与更新。结合自身的认知膜,人类的理解分为两个维度,既可以朝简单的方向发展,也可以朝复杂的方向发展,我们常说的先将书本由厚读到薄(提取主干,抓住核心要义),再由薄读到厚(通过要点能够结合自己的理解再详细展开),对应的就是两种理解的维度。目前,机器就不具有认知膜或知识结构,只能单纯地读取和计算数据,而这种知识结构和人类大脑中的理解是有同构关系的。

传统认为人的理解存在"模糊"性,是不精确的,但事实上达到完全的精准反而是不可能的,模糊与偏差的普遍存在只是因为不同的人注意力的重点不一样罢了。对于重点的内容,人可以按照自己的认识区分得非常清楚,但其他被主观认为不重要的部分,就被人模糊化处理了。

人类认知的另一个倾向是夸大或极端化。不同的人对同一个对象的理解可以是多种多样的,我们已经知道这和理解主体的认知膜有关系,因此不存在完全客观的理解。推动人理解的方向和深度的背后动力是自我肯定的需求。我们自己的心理状态是通过理解的对象来进行反映的。一开始理解主体的心理状态可能是一个"黑盒子",只有通过对不同对象的理解,才能逐渐反映出主体心理状态,或者可以说主体对所有对象理解的总和就是其心理状态。比如我们对某些文章的理解,其实就是我们心理状态的某种映射,这些理解只可能是有某些部分的理解,是在我们已有认知影响下的主观解读,而不会是全面、客观的信息捕获。

在此基础上,可以通过对理解文章的树的结构来定义主体的心理状态,这就好比我们定义认知膜就是通过观察主体如何看待外界一样。

**思想实验**

可以通过程序,将一些简单的以及适当复杂的例子进行模拟,建议采用简单的树形①或图的结构进行表示内容的知识结构以及人的认知膜的部分知识结构,使得计算机能够对人类的理解过程有一个初步的了解。

我们在前文讨论过关于"概念"的内容,实际上每一个概念可以对应到知识结构中的一个结点,并且概念之间也有重合的地方,因而它们的坐标不是垂直的,彼此也不是完全独立的,而是相互有牵扯和关联的,在整个结构框架中就会涉及一些度量的问题。写作的过程就是将一棵小树(或者一张简单的图)丰富成一棵大树(或者一张复杂的图),而总结的过程则恰好相反。

人与人之间沟通的过程可以理解为各自认知膜相互接触与作用的过程。在此过程中,每个人的认知膜不会整体都发生变化,但在与外界接触、与他人认知膜交互的过程中会发生信息交换,自身的认知膜在吸收过滤了新的内容后,在局部上很可能会发生变化。有意思的地方也在于,每个人的认知膜都不尽相同,加之认知主体会受到主观和信息处理能力的限制,其认知不会是也不可能是完整的,也有可能两人的认知膜完全没有办法相互融合,也就表现为不理解甚至矛盾冲突。真正彻底的理解应该是对多个理解对象完全融合,但实际上我们只能做到部分融合或者无法融合,这些依然可以被视作一种理解。大部分人能够处理的认知结构往往是只有代表性的几种类型,表现出来的内容常常是比较容易引起共鸣的或者是容易让人欣赏到美感的对象。

虽然理解的结构从整个框架看起来很复杂,但对于人而言又可以很简单。我们在对理解结构的度量方式上,使用相对度量、能够进行比较就足够了,因为我们做最终的判断是需要额外的信息的,这也说明人类的理解机制

---

① 这里的树即树状图,是一种数据结构,它是由 $n(n \geq 1)$ 个有限节点组成一个具有层次关系的集合。把它叫作"树"是因为它看起来像一棵倒挂的树,也就是说它是根朝上,而叶朝下的。

是开放的，与外界息息相关。这种开放性就和图灵机的机制非常不同了：图灵机是一个封闭的环境，需要提供给定的各个条件或规则，而人类的理解则是不确定、不完整的，当外界因素（比如有待理解的对象）发生变化时，内部（认知膜）也在改变。理解的分层结构框架是有机的、动态的，但不是随意的，始终有一个核心，就是自我肯定需求。在任一状态下，围绕自我肯定需求的内核是确定的，但整体又不会保持一成不变，因为它可能会随着外界的变化而变化。除了受外界影响，确定的内核又是会反过来影响外界的，因为它会导致主体对外界施加能够反应内核的行为，从而对整个系统产生影响，也就是说个体是可能对整个系统进化产生影响的，哪怕只是从一个点出发。因此系统的进化也是不确定的，而且有很多可能的方向。

人的复杂性还在于会对自我肯定需求加上对未来的判断和期望。自我肯定需求要通过自己在横向与纵向上的比较，从而判断是否得到了适当满足，如果当前我们能够预计自己的自我肯定需求能在未来的某个时间内得到极大的满足，那么即使现在我们得到的肯定没有想象的多也觉得可以接受。同时，我们由于相信能够达到未来的期望，有意无意地都会朝着那个方向努力。在这个过程中，自我肯定需求就在逐步地得到满足，并且也会根据我们努力的成绩和对未来的再判断进行相应的调整，目的都是能够满足自我肯定需求，维持并促进"自我"的成长。

我们可以通过一个语言的例子来解释这个理解的框架。比如元曲作家马致远创作的小令《天净沙·秋思》中的一句"小桥流水人家"，我们看到这个句子就感受到了强烈的画面感，能自动想象出"小桥下，流水潺潺，旁边有几户人家"的情景，句中只包含了三个词，但这三个词语正是想要表达内容的关键词，可以看作是图的结点，而不同的读者对于这张图可以有不同的解读，也就是与把自己的认知结构融合再重组的过程。这首小令原本表达的是旅人凄苦的心境，但读者根据自身的情况，也可以有其他的理解，比如娴静淡泊或孤寂怅然（见图 14-2）。

意识最根本的还是通过生理上的刺激得到，比如疼痛感等通过触觉过滤

古道西风瘦马，夕阳西下，断肠人在天涯

图 14-2 《天净沙·秋思》的意境

得到的感觉，就像意识结构里的根基，然后通过逐渐丰富，才形成了意识结构上层的结点和网络。在语言中，我们也能够找到一些对应的例子，有很多概念其实能够找到生理感觉来与之对应，再通过迭代演化进行不断地延伸。比如"痛心疾首"①，字面的意思就是心痛头也痛，但实际上是用这种痛的感觉来表达极其痛恨的心情。

人对某一个对象的理解，从简单到复杂可能有多种版本。从不同视角出发的理解，也可能是相对孤立、完全不交叉的图或树，但随着理解的加深、结构逐渐丰富，两个原本独立的结构可能在某些结点产生连接。比如唯心主义与唯物主义、形而上与形而下等，刚开始彼此认为与对方毫不相干甚至对立，但随着理论的发展，却发现两者在某些方面是如出一辙的。人的理解结构可以是复杂的、不相连的，但我们要进行处理，就需要将结构进行简化形成一棵

① 语出《左传·成公十三年》："诸侯备闻此言，斯是用痛心疾首，匿就寡人。"

树或简单的图，这种结构也为计算机理解人类思维提供了基础。

**思想实验**

图灵机没有"自我"意识，也就是没有认知膜，也没有初始的认知结构，要想帮助机器形成"自我"的观念，就是要让机器建立起基本的认知结构，为形成认知膜奠定基础，然后将这一认知结构和其他数据关联起来，使机器逐渐形成自我意识。

我们现在定义的"理解"是需要建立在特定的主体和特定背景之上的，不同的人或者同一个人在不同的时期对某一个客体的理解，其表达形式也很可能是不同的。而"理解"真正的含义，就像是"概念"一样，是无法提取出来说得一清二楚的，比如以前分析过的"白色"和"马"等，即便是非常简单的概念，每个人的理解也不会完全一致，更不用提一篇文章、一部小说或是更加丰富的内容了。

虽然语言体系非常复杂，但我们还是认为语言的本质并不是语法，而是"自我""外界"与两者之间关系的表达，在此基础上形成各种变化（省略、倒装等），加上语气词和标点符号，逐渐形成了我们现在所使用的丰富的语言体系。

**思想实验**

如果能将现有的中文语料进行分词，形成不同主题的词库，现代文的词库和古汉语的词库应该是有对应关系的，而且很可能是多对多的关系映射。这种映射就可能反映出人类思维跃迁性的轨迹。

有人认为人是基于语言在思考，但思考的方式其实不仅限于此，比如我们还可以通过图像、代数几何等来思考。在这些思考方式的背后，一定是有我们想表达的意思在起作用，这种意思更重视关联或联系，而将意思转化成语言就需要序列化、逻辑化的处理。比如想到"北京"和"火车"，最后变成语言表达出来可能就是"我要坐火车去北京"。

语言表达出来的多是线性的逻辑，但人的思考并不一定是遵从线性的。

这一特点非常重要。比如在对话中我们听懂了一句话并不完全是明白了语言序列本身,而是懂得了说话者语言背后的意思。还有一个例子就是,当我们阅读一句话的时候,即使有个别字的顺序是错乱的,但我们几乎都会忽略这些错误并能很快理解,如果要找到其中的问题所在,恐怕需要逐字检查了。

读书也是类似的,并不需要从头到尾字字都读通,只需要阅读一部分内容就能够掌握一本书的大意。这些都说明了人类的理解只需要接受最重要的一些信息点就足矣,而不是每个细节、每段语言序列都要清楚。

我们脑海中的思维可能是极其错综复杂的,这和人类脑部的突触结构也有关系,但我们说出来的语言、写出来的文字一般都是遵循某种思路表达出来的,只有按照某一种线索进行表达,内容才能变得有条理,其他人才有可能理解。就好比我们的大脑中有一幅画面,必须得通过某种逻辑或规则,才能用语言将画面描述清楚。

比如我们要描述路面,画面中马路和大树是主线,我们就会首先描述有马路和大树,然后说马路上有什么,树上或树下有什么,以此展开,就将图像以语言的形式线性化了。人类在思考问题的时候也是类似,人类本身思考的内容非常复杂,因为突触结构由于有成千上万的连接方式而多种多样,就像语言中的词语有非常多的组合、关联方式一样,但为了表达和理解,我们必须按照逻辑将它们抽取出来。

同时,在这样一种描述过程中,每一个人描述的起点和方式可能会大相径庭。中国人讲究山水写意,从大处落笔,洋洋洒洒,挥毫泼墨,作者的心胸与气度跃然纸上;而西方人讲究写实与形似,从细节着手,精雕细琢,一笔一画,画面的震撼力也毫不逊色。不同的思维主线将同一个画面串联在一起,不同的技艺和思绪将同一个画面呈现出了不同的观感,这正是艺术的美妙之处。

再比如描写历史,有编年史、纪传体、国别体等形式,如果从时间、事件、人物等不同维度进行描述,是非常复杂的,这些不同的维度会构成一个立体的画面。拍摄电影也是类似的道理,电影的叙述可以有很多种方式,插叙、倒叙、意识流和蒙太奇等，但最终都会呈现出一个完整的故事，将作者的思维脉络尽情展现出来。总之，文字也好，影像也罢，这些丰富的形式说明了思维的表达方式可以如此丰富，并且都是存在同构关系的。

又如写一部小说，小说的内部是存在某种线性逻辑的，其本身承载的内容可以用一张复杂的图进行表示，当其他人进行理解时，就会将自己脑海中的思维结构与这本小说背后的图进行融合，形成一个更加复杂的结构，然后再按照他的方式重新提取出新的结构，这才是理解真正的过程。比起作者脑海中复杂的画面，实际上书中写出来的文字也是经过提取整理后的一种表达方式，已经是比较干净有条理的结构了，因为作者只将他认为重要的东西写了下来。但读者在理解的过程中，会首先将图复杂化，再按照自己的意愿抽取新的结构，有可能作者认为重要的内容被读者忽略了，某些次要的点却被读者放大，这本书实际上就在读者脑海中形成了一套新的文本。对于读者而言，在理解的过程中，由于其原有的结构与新的结构经历了融合、重组、提取的过程，他也学习到了新的内容。

文字、电影或者绘画，都是创作者脑海中原始画面的一种表达方式。我们首先要将这些外在的表达方式尽可能地还原成原来的图，再让理解主体的知识结构介入进来与之融合，最后从这个融合结构中提取出新的结构，这才是理解的完整过程。最后一步的抽取，不同理解主体可以有不同的抽取方式，可能往简单的方向抽取，也可能往更复杂的方向变化，这与理解主体的知识背景密切相关。

There are a thousand Hamlets in a thousand people's eyes.（莎士比亚：一千个读者眼里有一千个哈姆雷特）这说明同一对象可以从不同角度理解。理解只能抓住主要结构，永远不可能明白每一个细节，整个框架结构是开放式的，与图灵机的封闭系统有根本的差别。

我们现在不一定需要机器具有意识（awareness），也不需要机器能够真正理解内容的意义，只需要能够让机器知道如何尽可能地按照人的思维处理对象或者数据，能够反馈给人类合适的回复就可以了。这个功能类似于中文房间(Chinese room),如图 14-3 所示,中文房间是由约翰·塞尔提出的一个思想实验,实验过程可表述为:一个对中文一窍不通的,以英语为母语的人被关闭在一个有两个通口的封闭房间中;房间里有一本用英文写成、从形式上说明中文文字句法和文法组合规则的手册,以及一大堆中文符号。房间外的人不断地向房间内递用中文写成的问题;房间内的人便按照手册的说明,将中文符号组合成对问题的解答,并将答案递出房间。这样一来,尽管房间内的人甚至可以以假乱真,让房间外的人以为他是中文的母语用户,然而实际上他压根不懂中文。

图 14-3 中文房间:一个不能真正理解中文的人也能把
中文意思从一个人传递给另一个人

# 第十五章
# 扬帆启航

自我肯定需求使得人类的进化与发展不会走向腐化与灭亡。即使在这个过程中会出现个别低劣的人或行为，人类从整体上看还是一直向上发展的，并且我们提出了道德、审美等一系列的概念，这些都是人类为了满足自我肯定需求，在尝试了各种可能的发展方向后，最终找到的一个好的、积极的演化路线。

人能够主动思考，这使得其发展并不是随机选择，而是在道德等条件的约束下，总能发现一个优化的发展方向，而这个发展方向可能让人越来越接近神的概念。比如儒家思想提出了"圣人"的概念，当时的环境中并没有圣人，但这个概念就是为了让人类往圣人的特征靠近而非实际存在。

自我肯定就是最大的神性，这可以说是自然选择而来，没有自我肯定就不能成为生命，只有具备自我肯定特征的生命才能朝好的方向进化，人生的目的就是向着神性的方向发展。黑格尔的"绝对精神"、马克思的"共产主义"、儒家思想的"圣人当道"都是一种理想的概念。从自我肯定需求的角度而言，这些概念是可以理解的，"共产主义"是马克思在约一百七十年前提出的，这么长的时间中，人类的科学技术已经取得了惊人的成绩，但马克思主义并没有得到充分的发展。我们要承认的客观事实是，人对自己都有自我肯定的部分,每个人的认知膜也很难穿透,就像我们在《代理问题的认知膜阻碍机制分析》一文中提到的,人与人之间很容易产生不信任。另外,宗教也是对世界的一种认知方式,本质上也是劝善的,理应可以共存,但我们也不得不承认一些宗教间存在的激烈矛盾。

总体来看,人类的发展是往好的方向进步的。在人类认知进程中,有四大里程碑。大约十万年前,语言的产生成为人类进化的第一个重要事件,语言的出现使人能够更有效地探索"自我"与"外界",更便捷地与其他人沟通。公元前五百年左右出现的"轴心时代"是人类跨越到精神世界的第二次飞跃,这个时期类似于"少年立志"的阶段,密集地出现了摩西、孔子、柏拉图和释迦牟尼几大思想导师,他们的理念对世界产生了深远的影响直至今日。大约四百年前,人类跨入了理性世界,大航海时代也拉开了现代科学的帷幕,从"日心说"到牛顿定律,人类对世界的认知不断深化。如今我们已经进入了第四个阶段,计算机技术的出现与发展,使人类世界发生了重大的变化,学习、工作与生活离不开数字化、信息化,IT 技术触手可及,而人工智能技术的涌现,也对人类未来的发展展示出了前所未有的机遇与挑战。

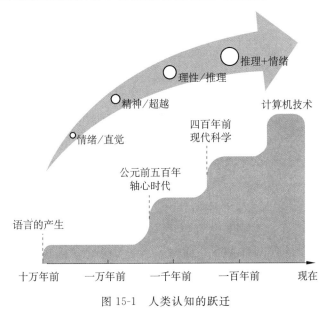

图 15-1　人类认知的跃迁

哲学家丹尼尔曾称赞"在思维设计的历史上，再没有更令人振奋、更重大的一步，能比得上语言的发明。智人受益于这项发明，从而发生了飞跃式的进步，超越了地球上的所有其他物种"。

凯文·凯利感叹"语言的创造是人类的第一个奇点，一切都因此而改变"。

的确，在人类进化的过程中，语言的出现是一个标志性的飞跃，它意味着人能够表达出自己的思想，更意味着人与人之间能够相互交流和沟通自己的思维，使共同创造新的思维成为可能，继而使得思维的交互产生"1＋1＞2"的效果。同时，语言的产生也意味着文明的传承，很多历史和传说在没有文字的时期正是通过人们的口耳相传而得到了延续和保存，例如《荷马史诗》正是希腊口述文学之大成，更是西方文学中最伟大的作品之一，被当作史料用于研究迈锡尼文明。

然而面对这个激动人心的飞跃，对于人类语言习得机制和话语生成进化规律，人类学家和语言学家们至今仍然没有一个统一的定论。即使是对于婴幼儿在语言习得过程中表现出的卓越能力，以及语言从出现到成熟的进化所呈现的惊人速度，目前的理论也仍不能给出完满的解释。

语言习得不仅仅是语言学尤其是语言心理学研究的关键问题，而且语言习得和进化方面的研究在半个多世纪以来已经对哲学、人类学、计算机科学等学科的发展产生了重要影响。揭示人类语言的习得和进化规律，将对相关的各个学科具有重要意义。

乔姆斯基在研究中发现，婴儿天生就表现出惊人的语言能力，在没有接受过正规的语言训练时，幼儿就能快速理解父母的语言。乔姆斯基提出了普遍语法（Universal Grammar）的概念，指出人类有一种与生俱来的解析语言的"器官"，因而具备语言学习能力，并只使用一组通用的语法规则，即普遍语法。关于语言的进化乔姆斯基认为语言具有复杂性与多样性，语言基本元素的进化过程并不是用自然选择理论就可以完全解释的。

平克和布鲁姆（Steven Pinker and Paul Bloom）也指出，语言十分复杂，语法也很烦琐,但儿童的语言学习速度十分惊人,并且在 3 岁左右就表现出能够掌握复杂语法的能力。① 他们认为语言的进化和人类学习语言的能力都是符合新达尔文过程(neo-Darwinian process)的,人类语言能力的习得与蝙蝠的回声定位能力、猴子的实体视觉能力相比并没有特异之处,并且尚无其他理论能取代自然选择理论来合理地解释这些能力。因此他们将语言归结为人类的本能,但平克自己也认同,语言是人类为了适应沟通需要而产生的一种生物特征。

塔特索尔(Ian Tattersall)指出,现代智人(Homo sapiens)对符号(初期语言的基本元素)形成认知后表现出了爆炸式发展,语言在十万年内即进化完成,这与人类生命上亿年缓慢进化的过程是很不相同的,他提出与其认为语言的产生是自然选择的结果,不如说是在大脑中有"早已适应"的神经活动,只是等待被发现、激活。

我们引入自我肯定需求的概念,试图对人类语言的习得以及语言的快速进化现象做出解释。自我肯定需求在个人层面有多种多样的表现形式,有人希望得到物质的回报,有人看重精神上的认可,即便是同一个人,在不同的时期或条件下,其自我肯定需求在表现形式上也可以是不一样的。比如亚里士多德认为"人有求知欲",它可以是指在某一特定阶段,人把求知当作满足自我肯定需求的方式。自我肯定需求与人的自我意识密切相关,这两者都具有动态变化的特征。随着自我意识的成长,自我肯定需求的驱动作用可能越加明显。人们尝试新的可能,并不一定是因为生存压力或追寻物质财富,而可能是源于自我肯定需求的作用。

人类语言在短短十万年内即进化完成,相比人类进化的一百七十万年而言,语言进化的效率极高,而且达到了一个非常高级的阶段,我们的语言发展到了今天,某种程度上是在发生退化,已经没有以前那么复杂。假如语言只是思想交流的工具,那么就不应该发生退化,而且作为交流的方式之一,语言

---

① 资料来源:[美]史蒂芬·平克(Steven Pinker).语言本能:人类语言进行的奥秘[M].欧阳明亮,译.杭州:浙江人民出版社,2015:349.

应该保持统一性要更好些，但是世界上却有很多种不同的方言，这应该如何理解呢？

现代语言学家普遍认同的观点是劳动推动了语言的产生，恩格斯也曾说"语言是在劳动中一起产生出来的""语言乃是人类在集体劳动的过程中，为了适应传播的需要而产生的，并且跟抽象思维一起产生的"。从语言逐步趋向复杂的过程来看，的确，一开始语言的产生仅仅是为了满足交流和沟通的需要，皮钦语就是典型的例子。三角贸易时期，当来自不同种族、地区的奴隶们聚集在一起共同为种植园的农场主劳动时，为了顺利完成耕作任务，在短时间内无法互相学习对方语言的他们经过语言上的相互妥协，相互之间会逐渐产生一种最低限度的语法规则，并带有明显的本地语言特征的临时用语——皮钦语。皮钦语吸收了奴隶所在地的大量词语，简单而变化多端，缺乏一定的语法规则，却能够在接下来的几十年随着当地文明的进步而不断趋于复杂，有的还形成一个单独的语系，甚至如巴布亚皮钦语便成为巴布亚新几内亚的官方用语之一。

语言的产生开始于口语，先是为了满足基本的交流需要，继而出于记录的需要而逐步形成文字，在此基础上，经过一代又一代人的使用而不断进化，其进化过程体现的是文明进步的需要，皮钦语的产生和进化历程正是人类语言起源与进化历程的缩影。

皮钦语的产生是近代可以考察到的语言现象，它的产生佐证了语言的"劳动起源说"，让我们认识到了语言的最主要功能就是用于交流和沟通，但语言的作用绝非仅仅如此。通过后来皮钦语的进化过程，我们可以看到自我肯定需求在其中的作用，这也与麦克斯缪勒的语言进化观点实现了相互印证。

麦克斯缪勒在原始语言中看到了人们对于自然现象命名的有趣之处，即在原始语言中，很多词汇的词根都具有主动形式，使得自然现象的命名都体现着自然力的人格化。如"东方破晓"与"朝阳升起"之类的自然现象，在当时被命名为太阳爱着黎明，拥抱着黎明。"语言的这一性质使表现事物某一特征的言语过程成为一种不自觉的艺术创作过程"，而这种命名方式的动机正是当时的人们对未知自然现象寻求解释的迫切感——自我肯定需求。

在人们的不断劳动过程中，人们注意到了会影响他们生产生活的自然现象，面对这样的未知，自我肯定需求使得他们积极地对这些现象进行解释。对它们的解释就体现在对这些现象的命名上，在这些命名中我们可以看到的最明显的现象就是这些自然现象被人格化了，借助原始语言，用人自身的行为特性去给这些自然现象命名，使得这些现象被描述得十分形象而具有了最初的艺术感。这一方面当然是由于原始词汇的匮乏，毕竟语言一开始只是用于人与人之间进行生产生活的交流，要想给自然现象命名，最初自然只能用和人有关的词语去描述；另一方面其实也是从人类生活的角度对这些自然现象去进行理解和解释，从而便不自觉地在命名的过程中添加了人们主观上的想象与期待。而这种主动性命名方式带来的直接后果就是人们逐渐认识到这些自然现象和这些期待与想象之间存在的巨大差异，在比较中人们感受到了自然现象的优越之处与不可抗拒的威力，最终催化了原始部落当中神的观念的产生。

我们认为，语言的进化与自我肯定需求息息相关。正因为有自我肯定需求，当语言的雏形一出现，每个人急于表现自己与其他人的不同，因而便会非常积极地探索语言的各种可能性，有人尝试了一种发声方式，另一个人就去挑战其他的发声方式，这是每个人声带结构的不同所致。但是当大家试过了所有的可能性之后，为了满足交流和沟通的功能性需求，一个部落或地区的人们最终还是要达成共识，形成各自不同的发音体系，有些甚至还形成了不同的文字，最终在功能性需求的推动下进化并形成一个具有强烈地域性特点的语言体系。在这个过程中，对语言的各种尝试正是受到了自我表现欲望的驱使，不同语言的形成不一定都是为了满足生存的需要，却都要满足某个地域人们的自我肯定需求。

语言产生之后，语言的发展变化和运用方式呈现出了一种爆发性的特征。

之前也有提到，在中国的唐代，律诗被发挥到了极致，潇洒浪漫有李白，山水田园有王维、孟浩然，新奇绮丽有李商隐，质朴厚重有杜甫，种类之多、内容之精彩，让后人难以望其项背。到了宋朝，人们转而将词作发展得淋漓尽致，豪放派、婉约派各有千秋，时至今日也很难有人超越。与之平行的还有唐宋八大家留下的经典古文，而在唐诗宋词之后，元曲又被推到了顶峰。

在当时唐诗宋词元曲普及、发展与繁荣的速度十分迅速，短短几百年间就将这些复杂的语言形式推向巅峰，这种令人惊奇的现象，我们认为用自我肯定需求理论是能够解释的。当新的语言形式出现时，自我肯定需求使得人们为了追求更多的认可而去尽可能地展示自己的才能，探索各种可能性。这是一种非常强劲的、发自内心的动力。当某种语言形式变成了"时尚"，这样的形式就变成了一种个性的表达和自我的体现，人们会热衷于将之发展到极致，这些语言表达形式也得以在很短的时间内变得异常丰富。而当这种语言形式难以继续推进时，人类就转而去发掘其他全新的表现形式。这种快速发展和突然停滞不前就表现为爆发性这一特征。

同时，除了对于作品形式的发挥与挖掘，文字的风格与内容也反映了作者内心对于世界与自我的态度与认识，即是在特定的时间与地点对于个人心境与价值情怀的鲜明展示，无论是杜甫沉郁顿挫的家国之思，还是李白夸张随性的浪漫情怀，其实质都是每个人独具个性的自我肯定需求的表达。

早在 1770 年，J. G. 赫尔德就提出"语言并非源出于神，恰恰相反，它源自动物"，神造就了人类心灵，而人类心灵则通过自身创造出语言并更新语言。赫尔德的"人类心灵"由神创造并且难以界定，我们认为可以用"自我肯定需求"取代"人类心灵"在语言进化上的地位。前述的爆发性特征与人类的自我肯定需求作用密切相关，它可能会为我们理解语言爆发式进化提供指引。

语言在满足了最基本的交流需求之后，被赋予了新的意义，可以被认为是认知膜中的一个重要部分。文字起源于伏羲仓颉造字，直到春秋晚期文字尚能维持大体一致，但到了战国时期，文字的地域横向发展歧异显著，形成了齐、燕、晋、楚、秦五大文字体系，还涌现出了诸多的方言和文字。

战国时期文字的歧异现象实际上也是自我肯定需求的表现，由于多种势力并驾齐驱，彼此之间互不相容，即便有共同的文字来源，为了强烈表现出自己的个性，各诸侯国都倾向于使用更具特色与个性的语言。每一种方言和文字都代表着诸侯国主权的确立和子民对本国文化的认同，这正是各诸侯国认知膜形成并强化的一种体现。

也正因如此，为了消除这种隔阂，秦始皇统一六国之后大力推行"书同文"的政策，还强行地统一了度量衡等诸多标准，以期形成统一的文化认同，将诸侯国的认知膜融汇到一起，稳定中国历史上第一个统一的封建王朝。民间所使用的俗体字随着这一变革而被广泛使用，语言的种类在短时间内快速地丰富起来。

人类有数千种语言，彼此之间的差异非常明显，我们认为这些差异与其说是来自环境压力所做出选择的结果，还不如理解为自我肯定需求在发生作用。人们按照自己的方式改造语言，每个人都有自己特定的语言习惯，不同地域之间语言的分化也变得越来越明显。

婴孩学语言的过程，可以看作是人类语言演化的缩影。人类学习母语的速度之快、效率之高，是让我们惊异的地方，人们通常认为这是由于生存需要，但我们相信这与自我肯定需求因素的关联更大。

对于个人而言，婴儿表现出的语言能力令人惊叹。我们认为，这并非源自于先天的"普遍语法"，而是第一语言作为载体，能够有效地连接"自我"与"外界"。当小孩发现自己和外界的差异后，就会努力尝试和外界进行交互，一旦发现语言是一个很好的交互方式，他就会尽力学习语言，学得越多，家长们的肯定和鼓励也越多，这样能够很好地满足婴孩时期的自我肯定需求，因此人类习得母语就会非常迅速。有人以音乐为载体发展他的认知膜，他可能因此就是一个音乐天才，甚至成为所谓的"神童"；有人以数学为载体发展他的认知膜，他可能就是一个数学天才。

乔姆斯基认为语言的早期习得依赖于某种天赋，儿童天生就具有一种学习语言的能力，这种能力被他称为"语言习得机制"。在乔姆斯基看来，儿童先天就具有形成基本语法关系和语法范畴的机制，而且这种机制具有普遍性。这种研究语言的方法是对心理学上的行为主义和哲学上的经验主义的一种反叛，从这个意义上来说语言学成了心理学的一个分支。乔姆斯基天赋论的得出，是因为他认为一些事实如儿童学习母语速度之快等，不能用天赋以外的方式来解释。

我们认为，儿童语言的习得，并不能单纯地用天赋来描述。自我肯定需求能够很好地系统性解释儿童和成人语言习得的特点。

第一，儿童学习母语速度之快，是因为自我肯定需求产生的强大动力。一个新的生命必须与环境进行互动，接受来自各方的刺激。而人类社会的环境相较动物而言，具有更大的复杂性。这种刺激的多样性使得儿童自我意识迅速成长，自我肯定需求愈加强烈，而正是这种强劲的自我肯定需求，促使儿童在这个时期，尝试用各种方式与外界交互，当他们发现语言是最有效的表现和沟通方式时，他们就会利用一切可以使用的资源进行语言的学习，其效率是非常高的。

第二，儿童学习母语的关键途径，是由自我肯定需求主导的。儿童在掌握基本的少数词汇和语法后，自我肯定需求最突出的表现形式就是博得大人肯定、融入朋友圈、在某一方面超过同龄人等。儿童高效掌握语言根本上仍然是自我肯定需求外化的一种满足方式。

第三，第二语言的学习障碍，是由自我肯定需求在母语上得到满足而导致的。第二语言的学习对于一般人来讲是十分困难的。这是因为个体一旦掌握了母语之后，他已经掌握了表现自己以及与外界沟通的重要工具，此时第二语言对个体而言已经失去了新颖性与需求上的迫切性，个体自我肯定需求的重心转移到了其他方面，因此第二语言的学习效果就不如学母语那样如有神助了。

婴儿的自我意识与学习母语的能力几乎是同步形成、发展的，一旦开始了语言的学习，发现语言是最便捷的分辨事物的载体，此时语言与自我意识的成长便开始相互作用，开始绑定在一起同步成长，他们学习母语的惊人效率也就变得可以理解了。第一语言作为载体需求,习得非常迅速,而第二语言失去了作为载体的需求,相对来说习得过程就缓慢了很多。

对大多数人而言,语言的习得与自我意识或认知膜的成长是绑定在一起的,分析哲学家指出语言本身很大程度上决定了我们如何看世界。对于聋哑人而言,通常意义上的语言不是有效载体,但他们会以视觉系统和手势为载体形成自我意识与智能,这也是为什么我们发现通常聋哑人的视觉都会特别敏锐的原因。由此可见,大脑具有自适应性,人的自我意识、认知膜的成长也具有自适应性。

平克认为人习得语言是本能。乔姆斯基则将习得语言视作与生俱来的能力,他通过对儿童语言学习的观察,认为很奇怪的是,有很多语法儿童好像不学就会,而且天生有一种习得语言的冲动。传统的理论认为语言的产生是一种社会活动的结果,他们则认为是天生就具备的。

我们认为儿童的语言习得之所以这么快,是因为人在幼年时期需要用语言来表达自我、形成自我意识。比如儿童在一个阶段对外界十分好奇,常常会给周围的事物命名,表现出语言冲动,伴随儿童形成自我意识的也不仅仅是语言,还可以是音乐、绘画等。

乔姆斯基认为语言有通用的语法,实际上是对语言现象的一种误解。首先,如何定义语法的概念?是语言学家制定的规范?还是为人们所普遍使用的规则?即便是人们所使用的规则,也不尽相同,加之还有很多人并不遵从语法,因此认为语法就是"通用"的论断还是言之尚早。通用的集合可大可小,在科学研究上有一定作用,但即便有这种通用的现象,并不能证明语言上"先验"的存在。语言无论是用来沟通还是自我表达,最基本的作用还是表达"我"与"外界"的"关系",也就是主语、宾语和谓语。这种表达主语与宾语的关系,就像人的发声只能通过元音与辅音完成一样,是发展的必然方向,是别无选择的。乔姆斯基强调把语法当作一种类似机械的机制来分析语言是对语言的误解。

在研究人类语言的问题上,也可以采用类似的方式,比如采用一组基(单字或词），将其他的文字投影过来，虽然这个过程很复杂，但也是可能实现的。在压缩感知（compressive sensing）的概念中，希望涉及的基数量最少，以此为原则进行优化。这种约束在语言处理中也可能存在。

语言在人类的进化过程中具有极高的重要性，而处理语言与视觉因素是分不开的。人类能够通过视觉做出判断，区分出不同的个体（或者整体），比如小孩第一次看见一只兔子，通过观察兔子的运动，他们能够自然地将兔子从所处的背景环境中抽离出来，并形成一个对应的概念，即便是看见兔子的侧面，也能自觉想象得到兔子的另外一面，从而定义出这个整体的对象。这一点对于计算机而言就非常困难，当机器只捕捉到对象的局部画面，是很难自行补齐为整体的。

我们认为，要使得计算机学会人的思维模式，达到人工智能的目的，就必须使计算机学会这种处理语言和处理"视觉"的方法，这也是可以做到的。聋哑儿童看电视也无法学会语言的例子也十分有代表性，这说明人类的学习需要从简单的内容开始，一点点积累和演化才能达到期望的效果，如果一开始就给出过多的信息，反而会分散人的注意力，使人无从下手。

乔姆斯基认为语言是天生的，康德也认为有"先验"的存在，"先验"的本体是未知的，概念都是这个"先验"本体的反映。乔姆斯基提出普遍语法的概念，并认为这是人类与生俱来的，与普遍语法相类似的是逻辑、数字的概念，这些概念又是从何而来？是否也是天生的？因为有很多部落的人对数字并没有概念，但是他们能够很快地学会。乔姆斯基则认为将语言分解为细小的单位就是数字，数字也是语言的一部分。

综上，我们更倾向于从自我肯定需求的角度进行理解，因为人在认知的过程中，有自我肯定需求，希望能够更好地认识世界，从而提出概念并美化概念，因而产生了语言、审美和逻辑（最初的数学也被涵盖其中）。

# 04 | 第四部分

## "孟母三迁"

亚圣孟子

邹孟轲之母也。号孟母。其舍近墓。孟子之少也,嬉游为墓间之事,踊跃筑埋。孟母曰:"此非吾所以居处子也。"乃去舍市傍。其嬉戏为贾人炫卖之事。孟母又曰:"此非吾所以居处子也。"复徙舍学宫之傍。其嬉游乃设俎豆揖让进退。孟母曰:"真可以居吾子矣。"遂居之。及孟子长,学六艺,卒成大儒之名。君子谓孟母善以渐化。

——西汉·刘向《烈女传·卷一·母仪》

　　每一次搬迁,对孟子而言都是当时最好的选择。也只有在这个平台之上,孟母才能看到不足,再寻求新的住处,给孟子带来新的进步。人的成长亦复如是,一步一个台阶,从一个平台寻求超越,再上升到另一个平台。梯度地成长,让人在上升的过程中充分享受满足,再看到不足。也正是丰富的经历,才能够让孟子在年少时就饱尝世相冷暖,体悟人生,在年少之时就能洞察人性,终成一代亚圣。人类也正是在探索的天梯中一步一个脚印,才爬到了万物之灵的高度。

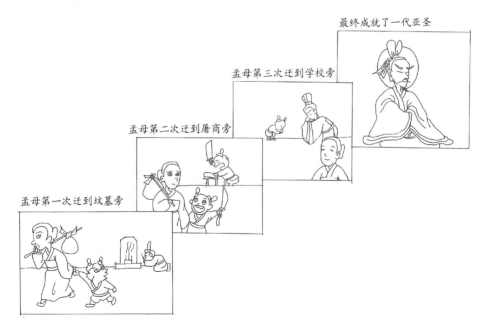

最终成就了一代亚圣

孟母第三次迁到学校旁

孟母第二次迁到屠商旁

孟母第一次迁到坟墓旁

# 第十六章
## 个人认知的跃迁

相对于人类认知的跃迁,个人认知也有跃迁式的发展。如图 16-1 所示,皮亚杰将儿童的认知发展分成了四个阶段。

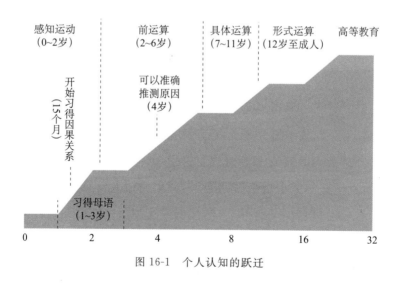

图 16-1　个人认知的跃迁

（1）感知运动阶段（Sensorimotor Stage,0～2 岁）。儿童主要借助感知运动图式协调感知输入和做出动作反应,从而依靠动作去适应环境,并逐渐成为对日常生活环境有初步了解的问题解决者。

（2）前运算阶段（Preoperational Stage,2～6 岁）。儿童将感知动作内化

为表象,可凭借心理符号进行思维。

（3）具体运算阶段(Concrete Operational Stage,7~11岁)。儿童的认知结构演化为运算图式,具有守恒性、脱自我中心性和可逆性。

（4）形式运算阶段(Formal Operational Stage,12岁至成人)。儿童思维发展到抽象逻辑推理水平,能够摆脱现实的影响,关注假设命题,并做出逻辑的和富有创造性的反映,同时可以进行假设演绎推理。

人的认知有很重要的特点就是"复制粘贴"(cut and paste)。

一方面,人可以从连续的背景或整体中抽取出一个部分、一棵子树,把这个部分孤立出来,这是非常奇妙且重要的过程。比如我们面对一个人时,可以提取出面部或其他我们认为重要的部分作为认知点来进行突出记忆。

另一方面,人又可以把局部或片段整合、联系起来。比如在识别某个人的表情时,我们重点关注的是眼睛、嘴巴等局部,虽然这些部分与正常状态下相去甚远,但我们能将这些变化的局部联系起来,忽略部分细节,判断出依然是原来的那个人。而机器则是将两个整体进行比对,与人的认知有很大的差别。当我们在看电视或欣赏图片时,如果一只猫藏在了沙发后面而露出了一半身子,我们仍然知道那里有一整只猫,因为我们内心的预期会将缺少的部分自动进行补充,这就是"粘贴"的过程。

这种认知特点来源于"我"与世界的联系,当人开始有了自我意识,就开始认识到外界的个体,知道个体之间是可以区别开的,比如一只猫走过,我们可以将猫与背景区分开来,这种能力很多动物也具备,单细胞生物可能不具备。植物的自我意识表现得不强,有没有这种能力还很难说。

人和机器在认知上最大的差别应该就在这里,人之所以表现得更好,就在于人能够灵活地复制粘贴。如果机器能够学会这种能力,将会大大提高认知能力。

除了提取局部,有时候我们还会夸大特征、走极端,这样做的好处是可以抓住特征快速地认知。我们之前已经讨论过了,认知并不是越精确、越全面就越好,何况完全的精确是做不到的。我们在不能拥有全面的条件下进行认知就需要抓住事物的主要特点。语言也反映了人的认知特点。

我们常常省略一些细节，只表述关键的部分，例如在回答"在哪里"时，我们会说"我在船上"，而不常说"我坐在船上"以及顺序的问题，可见口语中表现出的语法可以是非常弱的（由于符号和省略的限制，书面语中语法相对严格），人在处理口语的过程中则不需要太强调语法，只要把意义抽象出来即可。复杂的句子由很多简单的元素糅合而成，其中也可能包含递归的关系。我们可以省略、分割、重组，尽管并不是所有变换的形式都成立，当我们将某一种形式与现实进行比较，发现某种惊人的耦合时，我们就会有很震撼或有美妙的感觉。这一切的背后驱动力是自我肯定需求，并不是为了生存的压力，而是为了愉悦自己。

除了语言，漫画也能够反映出人类认知中的夸大的特征。画家需要放大所画对象的某些特征，用以凸显出该对象的特点，与此同时还要使这些特点与其他部分融合，使作品整体上达到和谐统一。

人的认知是分层的，每一层都有自己的规则，层与层之间可以任意跳跃；图灵机的规则是既定的，而人的规则是可以变化的，多个简单规则可以融合变化为新的规则。以层级的方式来理解认知，就没有想象的那么复杂了。

人类整体的认知是具有一定的客观性的，可以独立于个体之外，比如千年流传下来的一些意义、概念、道德等，虽然是由人类创造的，但是已然成为客观性的存在，个体很难改变，即使做出的某些可能的变化也必须遵从某个既定方向。

生命在形成初期就需要感知外界，这时感知到的信息一定具有两个特征：非完整性与扭曲性。因为生命要想继续生存下去，就必须逐步形成对外界的认知，而这时的认知一定不是真实的，因为此时能得到的信息是不完整且扭曲的，是从生命主观的角度去理解的，但此时这种认知也不需要是真实的，能够满足当时的自我肯定需求、帮助生命主体更好地适应自己所认知的世界才是最重要的。同时这样的感知是有压力的，压力就在于如果认知错误的时候个体会受到惩罚，认知正确的时候才会有奖励（reward）。生命初期的感知能力很弱，但是为了生存，生命体必须养成认知的习惯，这一部分就是智慧的根源，这和推理不同，推理是后期才有的，生命初期是简单的认知和尝试（try and correct）。

我们认为人的认知也经历了这样的过程，关键就在于一开始对外界的认知是错误的，接收到的信息是扭曲的、不完整的，但人为了生存必须适应他所认知的外界，必须将错误的认知当作真实的来面对，自我肯定需求也是这样而来。

从另一个角度看，正是因为我们接收的信息是不完整的，才必须要自行编造出一些事物或概念，而这也正是人类创造的价值所在。大到审美、道德、宗教，小到阅读一篇文章，都有人类的创造。

"天圆地方"的说法在春秋战国时期就有了（如图 16-2），这在当时是一个了不起的概念。"天圆"比较容易通过日升月降来想象，但"地方"很难描述，当时的环境应该是没有四通八达的马路或棱角规整的地界，但是"地方"概念的提出，则促使了当时的人们更有效地认识、建设环境。

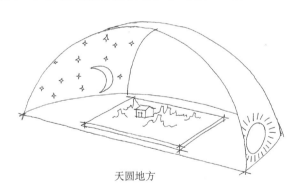

天圆地方

图 16-2　天圆地方的宇宙论

我们有很多理论并不是完全通过逻辑推导出来的，可以看作是假说或者发现，目的是解释问题、理解世界。在我们的发现中，"自我"最开始是从皮肤触觉这一物理边界而来，但是会不断变化发展到可以独立于物理世界而存在。"自我"的"实存"可以从两个角度来看：一个角度是我们能按照自己的理解来与世界交互，这是会带来影响的，"自我"能实实在在地改变物理世界；另一个角度是笛卡儿的"我思故我在"，也就是说，人可以怀疑一切，唯独不能怀疑自我，因为产生怀疑的主体就是自我。

哲学上，我们不需要别的假设，只需要有"自我"与"外界"的剖分，加上"自我肯定需求"就足矣。在我们的理论体系中，只需要"自信"，相信自己，而不需要那种对上帝的"信仰"。因为逻辑上是不能证明"真理性"的，我们比较认同的是儒家讲的"诚"是在"真理性"之上的，但这个"诚"更多的是指要诚心诚意地接纳规律，而不是要达成逻辑上的自洽。我们认为，在"诚"之上还有一个"信"的问题，如此，体系才是封闭的。因为我们只是掌握自然规律还不够，还需要创造未来，我们的体系中没有引入上帝，那么就需要我们"自信"。可这么做会不会有把自己带进"沟"里的风险呢？实际上相信自己也是有多种尺度的，比如，我们可以预测几天、几十天的天气情况，以提前准备防范措施，我们还可以对气候进行发现和预测（如厄尔尼诺现象），甚至还有更长的尺度，比如轴心时代出现的精神导师们，他们可以规划更久的未来。（如孔子就鼓励人们要有做君子、圣人的追求）这些不同尺度的预测都会规范我们现在的行动，以保证自己不掉进"沟"里。

逻辑的完整性有时并不能够兼顾所有，就像物理学里的热力学第二定律与牛顿力学、量子性与经典性、证实主义与证伪主义，等等，它们之间表面上看起来是对立的，但实际上又能够共存。当年"地心说"与"日心说"之间的对抗，在今天看来，两个理论都是正确的，只是选取的参考系不同，但对于当时的科学水平而言，"日心说"大大简化了太阳系的模型，甚至只需要椭圆轨道就能将天体运动解释清楚。如果采用"地心说"，一层一层地添加天球，我们也可以预测出天球的运动，但就很难发现开普勒定律和牛顿万有引力定律了。我们的原则也是尽可能简单，同时也要尽可能涵盖更多的内容，虽然其中可能还会存在跳跃的地方有待填补。

明斯基也承认，任何理论一开始都应该有一个高度简化的版本，而且这个版本也足以解决许多问题。我们认为，智能最开始、最高度简化的版本就是"自我"与"外界"的剖分，只是它们会因为不同物种的生理特征而有所不同,即使是在同一物种之间也会因为生长环境不同,而受到不同的刺激最终产生不同类型的智能。但无论是哪一个物种的智能,我们都不能否认其不断成熟、不断进步的存在。

从人类进化史上看,我们看到了智人一步一步成为大自然主宰的过程,整个人类智能的进步和人类的生存环境纠缠在一起,相互作用,相互影响。

就像语言从劳动中来,为了解决基本的生存问题,人类凭借着思维的跃迁在一次次尝试中不断强化对外界的认知以及"自我"与"外界"的剖分,则促进了自我意识的提升,而自我意识的不断丰富,则促进了自我意识的向外延拓和向内伸展,反过来不断加强了人类对自我的认知,进一步强化了剖分这个最基本的模型。

当自我意识丰富到一定程度后,自我肯定需求和认知膜的产生更是催化了"自我"与"外界"这个模型的进化。群体性自我意识的丰富带来的结果便是整个人类智能的提升,这使得人更加聪明,继而能够更加顺利地改造世界。

个体性的成熟其实就是整个群体智能发展的缩影,所谓心智的成熟就是指从婴儿时期的懵懂无知开始接触世界,然后把整个人类智能进化的历程在十几年的时间内快速地走了一遍。同时随着科技的日新月异,小孩能够接触到的东西远比长辈们当年能够接触到的东西多,即意味着他们能够接触并感受到比长辈们在同一时间内更加丰富的强刺激,这个说法恰好可以解释青少年为什么会一代比一代早熟。情绪是"自我"与"外界"不断交互而产生的副产品,它也与剖分相互影响迭代,让一个人能够按照"自我意识"更好地控制自己。

那么,我们对这些有了充分的认识后,该如何利用这些认识从而做出选择让人更好地成长,并且在机器崛起之时做好准备呢?

# 第十七章
## 生而得之的善意

　　我们已经认识到人在 0～5 岁这个年龄段是自我意识形成的关键时期。那么人为什么会有强烈的渴望去寻求自我的超越，或是希望世界能够变得更美好、更和善呢?《三字经》认为"人之初，性本善"，王阳明也坚持人有"良知"，卢梭弘扬人的自由平等，哲学对于善、爱、美的探讨也从未停下。这些概念的提出都远远超出了当时人们的认知水平，更超越了当时普及的传统文化。《浮士德》或是西方宗教中提出的"恶"一直是抽象的，也始终都只是通过将其放在"善"的对立面来定义。

　　生命有生而得之的善意。也就是说，一个呱呱落地的小孩，从其出生开始就接受来自世界的善意。清新的空气、温暖的阳光、父母轻柔的抚摩与怀抱……我们从出生开始就被世界温柔以待。在我们 0～5 岁时，这些来自世界的善意把我们充分地包围，并且在原意识开始形成之时就深深地印刻在我们的认知膜中。人的生命本是脆弱的，可是来自世界的各种关照让脆弱的生命逐渐变得坚强。无论是东方的"仁、义、礼、智、信"，还是西方各类宗教体系对于善的弘扬，无一不在经历了千百年的传承之后历久弥新，而新生一代就诞生在这样的环境之中，在自我意识快速形成的时候感受善意，铭记善意，形成了看似与生俱来的善恶观，最终又亲自将这份善意传承给下一代。人类心中善意的种子在人类诞生的那一刻就开始生根发芽,我们感恩世界赠予的一切,善意也在世界对我们的馈赠中随着人类的进步而不断延续和超越。这也解释了即使是罪大恶极之人,也还是会在生命的某一刻释放出人性的善意。包括自我意识相对微弱的动物,也在其出生时就承受着大自然的馈赠,我们自然就会看到同一种族内互相依偎、互相扶持的动人画面。

更有趣的是,这样的善意还能够在人与动物之间进行传递。我们都还记得《忠犬八公》里面被大学教授收养的那只名叫"八公"的小秋田犬:被收养后的每一天,八公早上都会将教授送到车站,傍晚等待教授一起回家,而在教授因病辞世再也没能回到车站的九年时间里,八公每天依然按时在车站等待,直到最后死去。从这个小故事中我们可以看到温和友善的帕克教授将八公当作了自己的第二个儿子,悉心照料,而八公每一天都坚持在车站等候。教授的善意通过他的一举一动传递给了八公,而八公在感受到善意之后也选择了忠诚的等候。最终,这样的善意通过电影传递给观众,让观众也感受到了这份人与狗之间温馨友善的爱。狗是最早被人类驯服的动物(距今约 13 000~15 000 年之间),因而人性中的善意和忠诚在狗身上也体现得十分明显。无论是导盲犬对盲人悉心的帮助,还是军犬和军人之间战友般的情谊,抑或是主人与宠物狗之间的亲密与友爱,这些动人场景都表明了人类社会对狗的依赖、信任,乃至善意。再到后来,马、牛、羊等动物被人类驯化,猫、仓鼠等越来越多的宠物出现,善意的传递在人与动物之间愈加普遍。

可见,善意的传递不仅仅局限于同一个种族内部,它往往在生命诞生之初,就传递给生命,又通过一些行为或是情感传递给他周边的人与物,从亲人到朋友,从宠物到器物。这也解释了为什么一些看似不起眼的物品总能承载人类的伟大情感。国民党老兵离开大陆前往台湾的时候,一抔黄土就能承载他们对于故土的思念和热爱;《城南旧事》中提到的"爸爸的花儿"承载的是父亲对女儿的回忆以及作者对父亲的怀念。

山川河海,一草一木,总能让人触景生情,亦总能激发人的诗性。王维看到了"大漠孤烟直,长河落日圆"的壮丽恢宏,杜甫亦有"感时花溅泪,恨别鸟惊心"的家国之情，李白在"飞流直下三千尺，疑是银河落九天"中释放了人性的浪漫。唐诗宋词元曲中，文人骚客的情感就寄寓在他们眼前的山水田园、花草树木之中，或许也正是因为世间万物的善意早已经在他们出生时就融入了他们的生命，只等着他们去历经世事，因此在面对此情此景时就被激发出了善意的诗性，并能超越他们的生命，超越他们所处的时代，超越历史的打磨。当这些超越时空的美呈现在我们面前时，因为文明的传承，因为同样接受了来自世界的善意，我们总能被这一词一句打动，从字里行间体会这份超越的善。

漫长的进化与继承，随之而来的是超越。人类文明就是在这一次次感受、传承和超越中不断绽放出灿烂的花朵。诚然，我们也看到人类历史上曾有过令人惋惜的历史，但幸运的是那些事件最终没有将人类带往反方向。这或许也能从善意的传承中得到解释，文明的善意早在我们诞生开始就已经融入了我们的生命，善意的火种从被点燃开始就从未被熄灭过。当有些人想要逆流而上，放大恶的时候，总还是能有人坚守文明的火种，坚守自由、平等、博爱的精神，去进行无畏的抗争。也正因如此，在相对短暂的混沌之后，取而代之的是文明的更加清醒与理性，而人性的善意，则在一次次战胜恶之后，变得更加强大。

在历史上，人性本恶的论调也从未平息。这也是可以理解的，一方面，在自然灾害频发、战争不断的影响下使得物质条件不够富足，文明和自然的善意都无法满足人对于生存的需求和渴望，所谓的人性之恶难免会被放大；但另一方面，我们也要看到，正是在那些文明不够发达的年代，诞生了影响最为深远的轴心时代的先贤，但是在当时的历史洪流之中，他们的力量也未免显得有些势单力薄。在那个年代，他们能够超越既有的善意，超越当时文明的边界，为世界创造出璀璨的善意，并身体力行地加以践行和传承，也正因如此，他们的善意具有了超越时空的特性，能够历经千百年而传承不衰。

有了这些认识，自然法的基础和经济学中的基本前提都有了重新讨论的可能。基于人性本恶的预设，世界各国都曾有过重刑主义盛行的时期，但是刑法在实际运用的过程中,重刑的威慑力似乎并没有想象中的那么强大。而在一些经济学和社会学的模型中,一些基于人性本恶的推测也时常失灵。

从善意的诞生与传承的角度来看教育,其目的也更加明晰。教育培养出的精神贵族应该要能够继承人类文明中积淀的善意,并且能通过身体力行传承给下一代。一方面我们要为了下一代创造更好的环境,让他们能够在一个充满善意的环境中成长,而不至于颠沛流离;另一方面我们用自己的行动践行善、传递善,让下一代能在我们的行动之中感受到爱与善意。因此,从更加本质的层面上看,真正的精神贵族在不断满足自我肯定需求的时候,正是在不断丰富和感受自己人性中善的一面。而自我需求满足的方向之所以能向善的一方倾斜,是因为千百年的传承给整个人类文明积淀了诸多善意,所以自出生起我们接触到的世界在记忆最深处就是如此美好,哪怕在将来与世界的交互中,我们面对的不总是善意,但终将不会动摇我们对善的相信与坚持。

第十八章

# 立志与励志

在公元前 13 世纪～公元前 200 年，尤其是在公元前 600 年～前 300 年间，北纬 25°～35°区间内的亚欧大陆上的四个地区，集中出现了对后世影响极大的几大精神导师与信仰的现象，被称为"轴心时代"。轴心时代涌现出的几大精神领袖（如图 18-1），包括以色列地区的摩西（一神论），中国的孔子（天/仁），古希腊的柏拉图（理念）以及印度的释迦牟尼（真如）。他们的理论看起来特点各异，但他们及这些理论出现的背后有没有统一的因素在起作用呢？我们将在下文中试着回答这个问题。

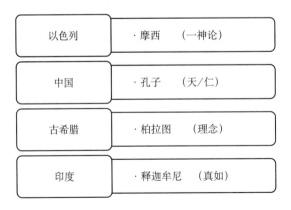

图 18-1　轴心时代的精神领袖

由前面的讨论我们可以知道,人的自我意识可以向内发展也可以向外延拓。从"我"到"我的";从自己的身体,到自己持有的食物和工具,再到自己拥有的财产;人的自我意识边界会因为向自己的占有物延拓而变得模糊。但由于自我肯定需求,每个人的自我意识会变得有扩张性,即自己想得到的总是会高于自己应当得到的,这在人类社会的初期表现得并不明显,因为当时的物质生活不够富裕,生存条件还未得到大的改善,人们还过着群居部落性的生活,私有制未占据主导地位,部落与部落之间的领地冲突和人与人之间的食物或工具分配纠纷时常出现。

但随着农业革命的发生,地理条件优越地区的农业文明逐渐发展起来,尤其是以轴心地区为代表的农业文明发展迅速,使得人们的物质生活逐渐富裕起来,私有制逐渐占据主导地位,此时人们的自我肯定需求表现得十分明显,围绕土地、财产、权利的阶级斗争愈演愈烈,轴心时代由此发端。

其实在轴心时代以前,各个地区就已经出现了祭祀等宗教行为。如前文中对于语言的探讨,在原始语言出现的时候,人们就已经在满足基本的生产生活之余对自然有了一个初步的命名和解释,这样的命名与解释不仅体现了当时人们语言的匮乏,也反映出当时的人们对于大多数自然现象的未知与不解。

最开始的以仪式为主、仅限于崇拜万物的简单的宗教行为反映的正是人们当时对于无限、永恒等神性的追求,反映了神的观念的产生(如图18-2)。这种对于无限、永恒等概念的追求恰恰是出于自我肯定需求。无论物质生活富足与否,人们都对物质生活感到不满足,因而想在其他方面寻求出路,于是当很多未知的自然现象周期性的出现并影响到人们的生产生活时,如风、雨、雷、电等,人们会迫切地想给这些未知的现象寻求一种意义或解释。

一些自然现象的剧烈变化常常在古人心灵中激起畏惧、害怕、赞美与欢乐,但由于同一现象的不断重现、日月交替的准时无误、上弦月和下弦月的周期变化、季节的前后衔接以及众星之有节期的漂移,都使人养成一种宽慰感、宁静感和安全感。当时的人们感受到了这些现象背后的确有某种原因或规

图 18-2　信徒们对宗教信条坚信不疑，但不同宗教的信条可能相互冲突

律在起支配作用，但由于知识水平或思考水平的有限，这种对于无限、永恒的追求最终将这些自然事物或现象变成了人们崇拜、敬畏和祭祀的神，这就是多神教的起源。

到后来，为了统一信仰以团结整个部族一致对外，一神教就成为历史的主流。而就一神教的教义来说，其反映的仍旧是人们对于神性的追求。亚伯拉罕诸教信奉上帝，而其教义则教化人们要为善，以求死后能上天堂，追求的就是一个永恒的极乐世界，其本身也是具有神性的。佛教追求轮回，基督教所谓的灵魂不朽，本质上都是人们对于永恒的一种美好向往。儒家虽然没有所谓的不朽之论，但是其所谓的王道与仁、义、礼、智、信，等等，追求的仍旧是一种至圣的境界,这是中国道德价值中的神性,圣人不仅具有高尚的品格和拯救家国的能力,还达到了一种心灵极度自由的圆融境界。

轴心时代相当于个人成长中"少年立志"的阶段。伴随着文明的进步,文化和语言都趋于复杂化,相应的人们的思维也不再像曾经那样仅局限于生产生活和对世界的简单解释,人们开始进行更复杂的思考,也更有时间和精力去观察和解释世界,人类终于发现自己不能只是满足于解决眼前的温饱问题,而应该有更高的精神追求。这种意识不仅仅发生于某个个人,而且发生在一个群体或部落当中。

虽然对于神性的追求从宗教起源一直到现在从未止步,但是直到轴心时代,人们才有了真正所谓的"目标",或者是"远大的志向"。从这些著名的精神导师及他们创造的概念中我们可以发现,人们对于"神"的态度,已经不再局限于最开始的崇拜和敬畏,他们开始思考"神"和宇宙存在的意义并将之付诸行动,有些人甚至有了追求神或是超越"神"的想法。

同时,他们开始将自己当下的生活和"神"更加紧密地联系在一起,并用神来定义、规范或评价自己当下的行为。这些概念创造也是一种实践,他们探讨了前所未有的生活方式,可以看作是"立德"的一种范例。在这些概念中,从他们当时所处的社会环境的态度来说,中华文明是继承性最强的,而以色列是反叛性最强的,古希腊和印度的反叛与继承程度在两者之间。

亚伯拉罕诸教是一神教的主要代表,即奉亚伯拉罕为先知的三大宗教——犹太教、基督教和伊斯兰教,基督教和伊斯兰教实质上同源于犹太教,而犹太教则诞生并形成于犹太人备受埃及迫害、颠沛流离的时期。亚伯拉罕的"一神论"为犹太教奠定了基础,犹太人摩西虽然被埃及公主收养过着优渥的生活,但他痛恨埃及法老制度的腐朽,对埃及的泛神论思想也持反叛态度,处在犹太人饱受埃及人虐待时期的他在一次埃及人欺侮犹太人事件中将埃及人杀死,举起了反叛的大旗,甚至出走埃及。最终,摩西带领犹太人在西奈山上接受上帝的法律并确认犹太人和上帝牢不可破的契约关系,这标志着犹太教正式形成。

犹太教强调除自己以外的宗教都是邪恶的。同时，犹太人的被掳掠被用来证实先知斥责的正确，假如其信奉的亚威是万能的，那他们所受的苦难只能说明是源于自己的罪恶，这种父亲教育孩子的心理使得他们认为自己的心灵极度需要净化，因而在流亡期间，犹太人发展出了比独立期间更为严格并更加排斥异族人的宗教。犹太教作为犹太人认知膜的重要层次，曾经帮助犹太人经历千辛万苦，也使得犹太人有着极其顽强的民族自尊心，即使他们被掳掠也不怨天尤人，只坚信是因为自己没有保住自己信仰的纯洁。

再往后，基督教继承了"摩西十诫"，奉耶稣为上帝派来的弥赛亚，在古罗马帝国统治下的贫苦人民中开始兴起，而穆罕默德则通过伊斯兰教统一了阿拉伯半岛。虽然两大宗教都对犹太教义有一定的继承，但是这三大宗教在很大程度上都对彼此互不认可，犹太人不认可耶稣与穆罕默德为先知，伊斯兰教虽然认为耶稣是先知之一，对犹太教义却不完全认同，并且认为基督教将耶稣奉为神的做法是偶像崇拜，是"渎神"。基督教因为认为犹太人犹大出卖了耶稣而在罗马帝国时期一度迫害犹太人，在基督教和犹太教达成和解以后，宗教矛盾就主要体现在了基督教和伊斯兰教的矛盾上，这些信仰上的不合为历史中阿拉伯半岛和小亚细亚半岛上的战乱冲突埋下了伏笔。

轴心时代中的耶路撒冷曾数次易主，犹太人也曾因此流落四方，亚历山大里亚建成后，大批犹太人定居在那里，这些犹太人逐渐希腊化，甚至忘却了希伯来语言，以至于不得不把旧约翻译成希腊文，这就是七十士译本的由来。与此同时，犹太人还逐渐继承和吸收了同时期的古希腊哲学思想，犹太人哲学家斐洛·尤迪厄斯就是最好的例子，他受柏拉图、亚里士多德等诸多哲学家思想的影响，尤其推崇柏拉图的学说，其哲学促成了早期基督教的希腊化。

说到希腊，其文明的突然兴起让人惊异，而希腊人在文学、艺术、哲学上的成就更是令人叹为观止。历史证据表明，希腊文明源于克里特，而克里特的文明则源于埃及和巴比伦，但不同于埃及的农耕文明，希腊文明是一种商业文明，这是由希腊独特的地理位置、环境和气候条件造就的。轴心时代中，从毕达哥拉斯起，到苏格拉底，再到柏拉图和亚里士多德，希腊向世界贡献了多位杰出的哲学家,以柏拉图对后世的影响最大。柏拉图在青年时期恰好经历了雅典在伯罗奔尼撒战争中的失败,更见证了自己敬爱的老师苏格拉底被处死,这使得他对民主制产生了厌倦,也催生了他对于国家和理想世界的思考。

《理想国》作为柏拉图最重要的一篇对话,其中的第一部分便描述了他心中的乌托邦——理想国;第二部分便提出了关于理念论的思考,在其中,他得出意见是属于感官所接触的世界,而知识则属于超感觉的、永恒的世界这样一个结论。柏拉图主张心物二元,灵魂不朽,后来亚历山大的神学家奥利金便利用此观点,提出"永恒受生"的概念解说了圣父与圣子的关系,重新演绎了基督教的信仰,并以此为基础建立了基督教的传统神学系统,对基督教影响至今。柏拉图的二元论、目的论、神秘主义等观点深刻影响了基督教神学的变化,而其唯心主义甚至贯穿于整个欧洲哲学的每一步演化。

在轴心时代,印度处于十六国争霸时期,释迦牟尼本是其中一个没落部族——释迦族的王子,诞生于印度社会宗教改革的最高峰时期。释迦族不断受到强邻的侵略威胁,地位十分脆弱,释迦牟尼经历了四门游观之后,痛感人生疾苦,继而尝试用苦行禅定的方式来寻求悟道,发觉苦行无益,进而证觉成道,终成佛陀。佛教因为其教义顺应了刹帝利的利益诉求,得到了扶植,加之其弟子的共同努力,佛教得以迅速传播。直至公元前三世纪,阿育王统一了全印度,佛教自然也就成为印度国教。

佛教之于东方,亦如基督教之于西方,佛教对东方文明的演进产生了难以磨灭的影响。"善有善报,恶有恶报"来自佛教最经典的轮回论,所谓人死而灵魂不灭,生命因在一次次轮回中承受因果报应而自由平等。这个思想最先流传在印度的底层民众中,他们承受着森严的等级制度的压迫,在阶级斗争愈加激烈时,轮回因果说就流传愈广,像基督教的天堂地狱说一样,麻醉着在社会变革中苦不堪言的平民百姓。为了进一步解释六道轮回,"十二缘起"被提出,但现今的人们对其含义仍然莫衷一是。"苦、集、灭、道"四谛是佛教教义的高度概括,最后汇集为一点就是人的当世是苦的,而要摆脱今日之苦,唯有修行为善，静待来世，这种消极的灭世观念对于任何一个社会人来说，都能起到安慰作用，并为他们找到一种精神解脱之道。

孔子生于动荡的春秋末期，时值历史变革，周室衰微，诸侯称霸，用来维护封建宗法等级制度的"周礼"被严重破坏。这也使当时的知识分子异常活跃，形成了百家争鸣的场面，而在此之中，以孔子为代表的儒家学派脱颖而出，在汉武帝"罢黜百家，独尊儒术"之后成为中国近两千年来的思想主流。

面对礼崩乐坏的局面，孔子力图重建礼乐秩序，是一个维护者；面对流离失所的百姓，他提出仁政思想，提倡轻徭薄赋，抨击暴政；面对当时深刻复杂的社会现实，他选择积极入世，寻求改变。孔子对于中国文化之贡献，就在于开始试将原有的制度加以理论化，赋予其理论的根据。

交流是认知膜的碰撞

图 18-3　孔子试图对人的终极关怀做现世的安排

无论是他予当时制度以理论的尝试，还是其正名主义，都是为了满足自我肯定需求，以给当时崩坏的礼制等正名，并使其他人信服，来达到恢复社会稳定的目的。也正因如此，儒学才成为日后统治者统治人民思想的不二之选。

无论是孔子倡导的"有所为"，还是后来荀子提出的"人定胜天"，都强调了人在尊重自然和现实社会的同时应当积极地有所作为，这种积极的倡导正是千百年来中国知识分子立志的起源。儒家学派还首次在中国历史上提出了"圣人"的目标,希望人能够增强对个人品德与才能的修炼和完善以达到圣人的标准,这个圣人是智者与仁者的统一,而这个目标一直引导了中国哲学的发展。孔子及其弟子对制度和礼教的坚持对当时的社会产生了一定的影响,而其伦理纲常之说最终成为中国古代思想的主流,渗透到生活中的各方各面,至今影响着中国社会前进的脚步。

与犹太教相同,儒学也形成于生灵涂炭之时,其创始人和最初的信徒也都曾跋山涉水,其思想内涵也最终成为中华民族的认知膜中不可或缺的一部分;但与犹太教不同的是,儒学后来成为统治阶级管理中国的工具,并在中国政权更替、思想变革之时历经跌宕起伏,而犹太教一直是犹太民族团结的纽带和自尊的根源,被用于抵御外辱,并被一直坚定地信奉着。

儒学演化到后期,吸取了道家和佛教中的观点,对宇宙和自我等有了新的认识,其中王阳明便是中国古代历史上儒释道的集大成者,也是中国历史上追求圣人的典型代表。王阳明追求所谓的圣人境界,其实也是一种人类追求神性的表现。西方追求的是永恒、自由、平等,而王阳明追求的是心灵的自由。他追求的是所谓的"无善无恶心之体",是一种超越二元论中单纯的善恶的存在,其心学的核心要义"致良知",则探讨了关于宇宙本源和有关人道德意识的问题。这一切最终都通向了一种心灵的自由,即所谓"圆融"的境界。

孔子也曾说过"从心所欲不逾矩",他们说的都是人的自我意识逐渐向外延拓后,自我意识和外界的边界逐渐模糊,最终仿佛和社会融为一体的一种自如的状态。这样的圆融在东方的社会价值观念中,可谓是最高层次:在社会中来去自如,不仅打破现有的规则,甚至还超越了规则而在其之上。这不同于西方社会中的上帝,但又有些相似,相似之处在于他们都具有超越性,不同之处在于上帝在西方价值观中充当的是一种规则的制定者和裁决者的角色,是俯视众生的;而达到圆融境界的圣人依旧是平视众生的,他只是在现有的社会规则中实现了自我意识的延拓和自我的超越,更具有普世价值。

由此,我们可以从轴心时代各家学说的起源一窥东西方哲学的差异。儒学的起点是人，它从人这一概念的关系构成开始，将家庭角色和社会关系作为完善道德的进入点。这当然和儒学诞生与一个礼崩乐坏的时代有关，儒学也因此而与亚伯拉罕诸教截然不同。摩西是反叛的代表，他带领犹太人出走埃及，流落四方的同时其实也在找寻一个确定性，古希腊的哲人们孜孜以求的也正是真理，这两者相互影响最终演化出现在的西方文明。

其实从轴心时代起，西方就确立了其对于确定性的追求（quest for certainty），他们或是追求一个唯一的真理，或是极力想要回到和了解那个原来（本源）。也正因如此，宗教有一个完美性、超越性的上帝，尽管在各家之言中，信众的上帝并不尽相同，却都是他们心中最完美崇高的至圣。而中国追求道，并不追求唯一的真理，无论是儒家追求的伦理纲常，还是老子所谓的自然之道，都是对当时社会变革方向的一种积极倡导。中国哲学的智慧就在于要尝试找到让我们活得更加繁荣和自由的一个"道"。西方作为 truth seekers（真理探索者）和东方的 way seekers（"道"探索者）从轴心时代起就产生了相当大的差异，也正是这个根本性的差异，导致了后来东西方文明发展轨迹的不同。

亚欧大陆上北纬 $25°\sim35°$ 之间的这些地区，因为地理因素最先发生农业革命，继而最先产生了农耕文明，同时期源起于附近农耕文明的商业文明也日渐兴盛。轴心时代恰恰处于这些文明已经相对发达的时期，社会变革伴随着的社会阶级分化与国家或部落之间的冲突，使得生活在底层的百姓开始寻找其信仰，导致了犹太教和佛教的形成；社会中的知识分子目睹了社会的变革，开始积极地为社会国家寻找良方，催生了先秦诸子的百家争鸣和古希腊的思想繁荣。

这些精神、思想上的探索其实就源于人们的自我肯定需求，对现实物质生活的深刻不满最终催生了人们在精神上寻求满足，这或许也解释了为什么无论是轴心时代的佛教，还是后来的基督教，在其诞生之初都是流传于生活在底层的贫苦大众之间，而且其教义都使人学会忍耐或心存慈悲，以祈求死后来世的幸福生活；更解释了犹太教为何形成在犹太人受压迫之时，而儒家学说为何也强调人要积极入世、恪守"仁、义、礼、智、信"。

在少年立志的时代,自我肯定需求中对于神性的追求就在这些价值体系中扎下了深根,构建起了人类最初的认知膜。这些概念将所谓的神和人类生活紧密地结合在一起,形成了东西方两个旗帜鲜明的发展路线,虽然在后期还经历了一系列漫长的演化并产生了不同的分支,但从此生根发芽,潜移默化地影响了人类文明的进程。

一神教对现代科学产生了深远的影响;亚伯拉罕诸教的纷争也一直持续到今天;佛教深刻影响了东南亚的历史进程;古希腊的思想繁荣在哲学史上留下了辉煌的一页;儒家思想作为中国的传统思想,延续千年,其精华在今天仍生生不息。轴心时代是人类文明中最伟大的思想精华的起源时代,它作为世界东西方文明的两条发展路线的起点,深刻影响了后续的人类历史。

轴心时代作为人类"立德"的典范,标志着人类的"自我意识"正式从日复一日的生产生活中跳跃了出来,去寻找其存在的意义和价值。一方面,人类以更积极的姿态创造美好的生活;另一方面,几大精神导师作为人类的先行者,也以更加审慎的态度思考着"自我"和"外界"。

这样的思考有的是在客观层面上想要接近真相,认识世界,把握规律,如亚里士多德的《物理学》;有的则是给"自我"在混乱的"外界"之中寻找出路,如孔子和老子都在寻找自己的"道";有的则是给"自我"找到了存活于混乱"外界"之中的意义和慰藉,如佛家的"六道轮回",基督的原罪。这些都是人类在认识"自我"和"外界"剖分时进行的尝试,并且被历史和当代证明都是有意义的。

那么,历史和当代,还有没有别的尝试呢?当然有,前文也已经提到,人类思维的跃迁使这样的尝试充满了各种可能。有些尝试是建立在轴心时代的基础上,对原有的体系进行了进一步的剖分而使得其更加丰富和强化,有些体系也因为内部的分歧而产生了分化,宗教改革后产生了英国新教徒和美国清教徒,成为各自国家认知膜的基础;儒家虽然一脉相承,也有程朱理学和阳明心学;佛教也有大乘小乘之分,东南亚各国也略有不同。有些则是另辟蹊径，甚至走向邪路，要么不被社会主流所认同，要么最终被历史所淹没。

可以说，轴心时代所产生的一系列概念，不仅给人类社会提供了一个出发点，也给人类社会指明了前进的方向，那些目标或许仍旧遥遥无期，但人类总是在努力地不断试图接近。我们仍然能够看到轴心时代建立的概念在当今社会生生不息地被继承了下去，它们仍旧是诸多流派的核心，是人们行为的出发点，是人的认知膜的重要组成部分。

轴心时代所建立的那个终极的真相以及对于神性的追求仍然驱动着科学家们不断地进行科研和探索；孔子虽然在中国几经起落，但是孔子之道的核心早已经汇入民族精神和传统美德之中被时刻践行；善和正义仍旧是教徒们生活的方向标，被铭记在心。恰恰是这些最初建立起来的概念，在产生后不久就得到了许多人的认可，而且在经过千年的打磨之后，被烙印在了人类认知膜的底层。

人类曾经也做出过违背这些概念的尝试，可是一次次尝试的结果都没有得到持续，也被历史证明是彻底的失败，每失败一次，我们对这些概念的认识与珍视也更深刻一分，也明白了这些之所以作为人类社会的目标是不无道理的。这些尝试对历史而言是必要的，因为正是经历了历史的洗礼，只有这些概念如"善良"和"正义"等在与人类的血泪史对照时才显得弥足珍贵，它们也一次次在人们心中得到强化；但对于未来而言，又是不必要的，因为人类已经吸取了足够的教训，应当更加审慎地对待未来。

经过本章的梳理，我们可以了解到，最初的两河流域以及尼罗河流域的农业文明逐渐演化产生了西方的宗教、科学和哲学体系；玛雅文明在拉丁美洲独树一帜；黄河和长江流域的华夏文明产生了诸子百家，其中最为典型的儒道两教与起源于印度河、恒河流域的印度文明中的佛教逐渐结合，形成儒释道三教，共同影响了中华文明的历史进程，其中明朝时期的王阳明是集大成者。（如图 18-4 所示）

其中有意思的一个时期是大约四五百年前，明朝时期的王阳明可以看作

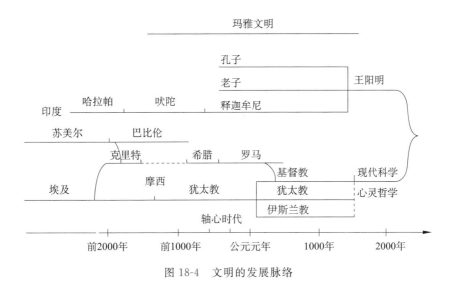

图 18-4 文明的发展脉络

是成功将儒释道综合起来的重要人物,而现代科学也在这个时期出现,现代科学从某种程度上来说是融合了一神教的精神。

针对人"从哪里来"的问题,前文已经提供了答案;我们还要继续回答,人"要到哪里去"。人能够做到的是在不同时间尺度上对未来的预期与理想,也就是"少年立志",这种"立志"是我们相信自己能够实现的,即使实际上能够达成的只是少数人。

这种对未来的理想就与社会进化论以及奥地利学派有了明显的区别。我们"立志"的内容具有多时间尺度、多目标和多价值体系的特征。由于人类会有自我肯定需求的"紧张状态",这种紧张状态驱使我们对未来做出更高的预期与判断,并相信自己能够实现,我们的所作所为、所思所想都是为了缓解紧张状态。我们对未来的预期与理想不是完全理性的,然而也具有一定的合理性,这也正是我们之所以为人的重要特征,并且能够加速人类的进化。我们在前文已经讨论过,如果只考虑"适者生存"的因素对于进化而言是不够的,"物竞天择"也意味着会有无数的可能且难以收敛。当然,不同的理想之间肯定会有冲突的地方,但不管是什么理想,目的都是满足自我肯定需求,缓解紧张状态,不同理想之间的冲突与对立从某种程度上说也推动了人类的进化。

宗教信仰算得上是时间尺度最长的理想，国家制度的时间尺度就没有那么长。"真理掌握在少数人手中"，真正进行探索的先驱者的确是少数人，他们的探索与实践渐渐被其他人理解、接纳。当然，探索的过程也不会是一帆风顺的，但好在滑动性的存在使得理想之光并不止一束，而是有好几个可以选择的方向，这正是能保证人类不被带进"沟"里的重要因素。

现代科学由最初的几大基础学科相互交叉，逐步前进到今日百花齐放的状态，而其中进步最快的便属计算机科学。目前人工智能的运算能力已经达到了相当出色的水平，最引人注目的便是 2016 年谷歌公司 AlphaGo 和韩国围棋冠军李世乭的对决，在这场比赛中人们真正感受到了人工智能的强大。可以预见，在不久的将来人工智能就会成为人类社会中举足轻重的一分子，我们提出的疑问便是人究竟该如何对待这个由我们一手缔造的伙伴，人和机器终将走向何方？对于此，我们提出了一种设想，即王阳明的一种圆融境界可否和机器结合在一起，共同促进人和机器的友好相处呢？

# 第十九章
## 教与学的神奇

霍去病初次征战即率领八百骁骑深入敌境数百里,把匈奴杀得四散逃窜。在两次河西之战中,霍去病大破匈奴,俘获匈奴祭天金人,直取祁连山。在漠北之战中,霍去病封狼居胥,大捷而归,那么他是凭什么在 20 岁出头就能驰骋沙场立下赫赫战功?

亚历山大是欧洲历史上最伟大的军事天才,自 20 岁上位,在担任马其顿国王的短短 13 年中,东征西讨,在横跨欧、亚的土地上,建立起了一个西起希腊、马其顿,东到印度河流域,南临尼罗河第一瀑布,北至药杀水(中亚位于咸海的锡尔河)的以巴比伦为首都的庞大帝国。

他们年纪轻轻就取得巨大成就的原因并不神秘,因为他们的成功是"教出来"的。霍去病有卫青、汉武帝两位"教练",亚历山大有父亲和亚里士多德的熏陶。"教练们"雄心勃勃,很多事情在他们脑海中已经反复推敲,他们的思想在学生们很小的时候就开始教导,只需要等他们长大成人后去实践即可。

还有一类案例,比如武则天的大周、维多利亚时代和俄国的叶卡捷琳娜二世,历史上的女皇帝本来就很少,而恰恰她们在位的时期呈现出一派非常繁荣的景象。这也是奇迹吗?其实我们可以发现,她们的前任统治者一定也是非常厉害的人物，因此她们有学习的对象，并且前任已经将国家的基础准备好，她们只需在此基础上稳步发展即可。

这些案例也说明了教育具有巨大的力量。从2006年9月7日，新东方在美国上市以来，陆续有十多家中国教育领域企业在美国上市。但也正是由于在互联网教育领域不明朗的环境下，全球的新型教育企业竞争日益激烈。

2012年11月，谷歌的研究总监诺维格（Peter Novig）在斯坦福的一次演讲中，分享了他对在线教育的感想以及开设在线公开课的经历。他指出，几百年来课堂教学所使用的技术并没有发生革命性的变化，并提到爱迪生曾在1913年就提道"书本很快会被舍弃，取而代之的是通过动画电影进行学习，未来的10年内我们的教学体系将发生根本性的变化"。但这并没有发生，实际上近一百年来，动画、广播、电视、视频媒体等媒体技术相继涌现，然而教学上却没有革命性的改变。诺维格认为这些技术都缺乏交互性（interaction），相比之下，个人电脑提供了交互的可能，为在线教育提供了基础。

当前国内外一些在线教育服务已经崭露头角，能否引发教育革命还有待观察。我们认为，有效的学习应该是基于赫布理论（下文有较细节的解释）的学习，即需要重复的学习刺激，并且在赫布型学习的基础上，学生需要感受到一定的学习压力，才能更有效地进行学习。我们提倡采用分组学习的方式形成在线教育的学习压力环境，即将学习水平相近的学生进行分组教学，这样学生之间的竞争动力更为强烈，这是由于每个人都具有自我肯定需求，较倾向于对自己进行高于平均水平的评价，这样就会形成缺口，学生必须通过有效的学习结果来填补这个缺口，从而让自己在相近水平的学习群组中激发出竞争意识。

近几年来，互联网技术日益成熟，互联网教育产品也以前所未有的速度涌现并发展，已经运转的项目有edX、Coursera、Codecademy、可汗学院等，受制于体制、环境等因素，互联网教育模式还处于起步阶段，现有的互联网教育服务并没有带来足够大的影响，探究背后的原因，主要有两个方面：第一，当前的在线学习不能充分发挥赫布型学习的优势；第二，学习的本质是一个涉及大脑神经网络的复杂过程,互联网的教育环境需要提供足够的压力来促使这个过程发生,并不断重复、深化。有效的在线教育必须尊重学生的个性,考虑到学生之间学习水平的差异。在真实的课堂上,可能存在巨大的学习基础差异,而老师们也往往偏爱成绩好的学生、关注后进生,大多数成绩水平位于中间的学生则容易被忽视,针对每一位学生的个性化教学难以落实。每一个学生都是一个有独立思维的个体,其行为和思想的复杂性,可以用自我肯定需求理论来进行分析与解释,即只要有可能,人对自己的评价一般会高于他所认知范围内的平均水平,从而期望得到高于自己评估的份额的需求。在互联网教育中,就需要应用自我肯定需求,因为不论基础好或不好的学生,都有肯定自我的需求,而优秀的互联网教育应该是根据每个学生的实际情况,找到适合他们自身的学习策略。

学习压力则是在线教育中更加亟待解决的问题。其中极少部分是出于自发的兴趣而学习的学生,对学习环境的压力可能没有过多要求,而对于大多数学生而言,尤其是对于经历过填鸭式基础教育的中国学生来说,有一定的学习压力是完成有效学习的必要条件。绝大多数的互联网教育希望通过激发学生对学习的兴趣来刺激其学习行为,这种做法的成效还有待考证,但期望通过"趣味游戏"的方式,在短时间内让学生产生主动学习冲动的方法,并不是可靠的保障。

一个常见的社会现象能够证明学习压力的必要性。不识字的人来到城市或相对发达的地区,即使他长时间地、高频率地接触到各种文字信息,比如电视杂志、招牌广告等,多年后他也仍然不认识文字。由此可见,单方面学习信息的发出,不代表学习动作的完成,如果没有学习压力,或者没有主动学习的诉求,即使每天面对学习信息也不能有效接收。

从大脑认知的角度来说,学习是大脑获取外部信息并与大脑内部原有信息加工整合,而成为新的、有意义的信息的过程。这个整合加工过程十分复杂,为便于理解,我们可以把这个复杂的过程进行分解,即一个相对完整的学习过程应该包括以下几个环节:(1)感觉器官获取外部信息;(2)神经传递系统对感官获取到的信息进行传递；（3）内感官对传递进来的信息进行过滤，并形成注意；（4）过滤后被注意到的信息形成感觉及瞬间记忆；（5）瞬间记忆的信息经过一定条件的转化形成工作记忆；（6）工作记忆的信息经过深加工形成长期记忆。

在这个过程中，前两个环节是容易达成的，从第三个环节开始，互联网教育就必须通过制造一定的学习压力，让学生产生注意，进而形成瞬间记忆，然后再经过深化后转化为工作记忆乃至长期记忆，深化的步骤可以通过重复来完成，因此学习也可以简化为由压力触发学习刺激并加之反复的过程。

赫布理论（Hebbian theory）描述了突触可塑性的基本原理，即突触前神经元向突触后神经元的持续重复的刺激可以导致突触传递效能的增加。可以假定，反射活动的持续与重复会导致神经元稳定性的持久性提升。当神经元 A 的轴突与神经元 B 很近并参与了激起对 B 的重复持续的兴奋时，这两个神经元或其中一个便会发生某些生长过程或代谢变化，致使 A 作为能使 B 兴奋的细胞之一，它的效能增强了。这一理论经常会被总结为"一起发射的神经元连在一起"（Cells that fire together, wire together）。这可以用于解释"联合学习"（associative learning），在这种学习中，由对神经元的重复刺激，使得神经元之间的突触强度增加。这样的学习方法被称为"赫布型学习"。实现赫布型学习，关键就在于这种有效的重复刺激。一方面，一定的学习压力能够使大脑神经对知识产生反应；另一方面，必须有一定的重复学习，才能使知识在大脑中形成记忆。

赫布理论在学习模型中已经得到了一定的应用，在此基础上，我们进一步提出，在线教育采用赫布型学习应当采取与学习压力相结合的方式，这样能够产生更显著的教学效果。在教学实践中，我们发现，一定的压力对学习有积极的作用。以全国某竞赛为例，在前三年的比赛中，有多支团队参赛，并在每个团队及项目成立初期就让各队明白彼此间存在竞争关系，结果某一团队连续三年夺得全国冠军，另有两支团队获得二等奖，多支团队获得三等奖；第四年为管理便捷起见，将所有学生作为一支团队申报，最终竟没能进入复赛。通过学生不同的竞赛结果,我们得知,一方面,当竞争关系明确存在时,会有一种无形的压力,促使他们希望在已知的团队中能够进入中上游水平,以作为能否有望得到奖项的重要参考指标,于是便能主动学习新知识、敢于解决问题,这种状态对于学习是非常有帮助的;另一方面,当所有人处于合作关系时,他们便放松了竞争者之间应有的警惕,甚至出现依赖队友、逃避职责、得过且过的现象,由于缺乏学习压力,学生精神松散,效率大打折扣。

互联网有两个效率特性,即"自动化"和"众包"①,两者都可以用来形成学习压力,推动主动学习。比如开设一个论坛,就可以支撑学生的讨论。这个过程不仅实现了"讨论",还提供了平台,即可以让基础好的学生做到"教授给他人"。实践部分也不需教师反复讲解,学生可自行重复观看视频。此外,作业批改也可以自动化解决,自动生成统计报告也非难事,这就为教师节省了大量的时间。只要课程有配套的在线交互工具,实现"人机交互"(自动化)和"人人交互"(众包),在线课程的教学质量就能比单纯的线下课程高。

我们认为,在互联网的教学课堂中,"基于赫布理论的分组学习模式"是形成学习压力、促进学习的重要方法。在正式教学前,可以通过小测验的形式,根据学生基础水平的不同,将学习能力相近的学员划分到相同的网络课堂,使学生之间没有过多的心理落差,这样每一组学生都能感受到公平的学习氛围,在自我肯定需求的作用下,他们都更倾向给予自己高于平均值的评价,期望在学习过程中得到高于自己评估的评价,能被他人认可,这样形成的缺口就需要通过有效的学习来填补,学生就更容易产生对学习的主观诉求,再加之一定的奖励机制,在线学习就能形成竞争与学习压力、促使有效地学习,从而实现以小组为单位的整体进步。自我意识的一个外在表现就是人格,人格的培养是可以与知识学习同步进行的。在教育过程中应该尽可能多地制造场景,满足学生的自我肯定需求,既需要适当的鼓励,又需要合理的压

---

① 众包(crowdsourcing)是互联网带来的新的生产组织形式,用来描述一种新的商业模式,即企业利用互联网来将工作分配出去、发现创意或解决技术问题。(维基百科 . https://zh. wikipedia. org/wiki/众包)

力。这种压力既包括老师与学生之间的压力（要求），也包括学生与学生之间的压力（竞争）。

由于成长环境的差异，每个人的认知膜都不同，作为教师应能做到容忍学生认知膜的差异。教师要有明确的角色意识，教学风格可以严谨也可以活泼，更重要的是需要教师将自己的角色发挥到极致。教师应当意识到，学生的成长过程有些是跳跃式的，而非完全的渐进发展。鼓励学生所追求的目标应该是需要经历多级台阶来完成、有道德崇高感的长线目标。

再让我们将目光转向 1175 年的鹅湖之会。这次相会，朱熹和陆氏二兄弟之间发生了一次著名的辩论：朱熹主张"先博后约"，陆九渊主张"发明本心""先立乎其大"，以求顿悟，直指人心。朱以陆之教人为太简，陆以朱之教人为支离。双方的争论至今依然没有定论，到底哪方更胜一筹也是见仁见智。今日的我们要问问自己，经过这八百多年的时间，看到了这么多哲学家和教育学家的思考，到底有没有什么根本性的新发现，可以揭示"人如何成才"这个重要问题呢？

我们的结论是：鹅湖之会辩论中有一个重要的遗漏，即一个人在 0～5 岁之间的成长。无论是"先博后约"或是"发明本心"，都没有意识到这个重要阶段是人心灵成长的基础和起点，是一个奇迹。这个奇迹是怎么来的，对于人工智能、教育而言都是一个重要的问题。

人人都是语言神童，我们也知道有音乐神童（如莫扎特）、数学神童，等等。之所以能被称为神童，是因为这些小孩有超乎常人的技艺，莫扎特在音乐上的地位可以说难以被超越，而且他的才能在很小的时候就已经表现了出来，这种现象我们该如何解释？一方面，莫扎特的父母并无超乎常人之处，所以基因遗传无法解释；另一方面，如果仅凭后天努力，也有很多人在用心学习，却也不能企及莫扎特的高度。婴孩学习语言也是一个例子，他们从出生到 3 岁，就基本掌握了母语，能与大人进行沟通，这种现象哪怕在语言学家眼里，也是非常神奇的。

语言的习得也不大可能就是遗传所致，因为比如只会说中文的父母生了

图 19-1　0～5 岁的经历决定不同类型的神童

小孩,如果一开始就送到英文环境中去,那么小孩学会的一定是英语,反过来也一样。还有一点是,我们学习母语是很神速的,但学习第二语言就非常之慢,这点我们大多数人在学习英语的时候都有所体会。这种强烈的对比从何而来呢? 我们认为答案就在于,学习母语的时候,我们有非常强烈的需求要向外界表达自己,这种强烈的需求驱使我们学习语言非常快。理解神童现象的关键点也在这里,对于极少部分的小孩而言,他们一开始就对音乐、数字或者色彩等非常敏感,他们是通过这些方式来表达"自我"的,因而在这些方面就会表现出超乎常人的敏感度,逐渐形成能力。每一个人都曾经是神童,只不过大多数人都表现为学习母语的那段时间。

虽然对于个人而言,学习母语只用了两三年,但在人类进化史上,大约十万年前才有语言的产生,"轴心时代"大约产生于 2500 年前,持续了约几百年,现代科学发迹于约 400 年前,而计算机技术在短短几十年间已经让人类世界产生了翻天覆地的变化。将这些事件放在同一个坐标系下,我们发现离现在越近的标志性事件,时间间隔越短。然而对于个人而言,我们学习母语是两三年，学习孔孟之道可能需要十年，学习科学技术则需要更长的时间，也就是说个人学习越靠近现在的知识能力，该知识形成发展所需要的时间越长。

鹅湖之会讨论的是5岁以后已经具备一定基础意识的小孩，而他们忽略的0~5岁阶段，其实是更重要的时期，比如已经有实验证明人到5岁的时候性格已经基本确定。将小孩与计算机进行对比，小孩子很容易区分不同的杯子、苹果和小狗，但计算机则需要大量的样本进行训练，识别效果也不是尽如人意。这类常识性的内容对于小孩很容易掌握，但对于机器而言始终是难以克服的困难。从这点出发，就能理解人类智能和现存人工智能的根本差别。

针对5岁以后的小孩而言，朱熹的言论相较于二陆的观点是有些偏颇的，他认为心是空的，可以放进很多内容，然后提炼出本质，但实际上小孩在5岁之前，心中已经有很多内容，并不空。在这种情况下，二陆的主张反而更加接近真实。母语和神童的例子也说明了一点，与"自我意识"成长相关的学习实际上是非常之快且自然而然的。

从"触觉大脑假说"的角度看，这是一个很顺理成章的推论，因为人类意识的起点就是对"自我"与"外界"的二分。人认知的动力就来自于不断探索"自我"是什么，顺带还要弄清与"自我"相交互的这个世界是什么。在这个过程中，人就会赋予"自我"和"外界"非常多的意义，包括宗教、道德、哲学的意义，等等。这些意义，包括"自我"，从物理世界的角度看并不存在。但我们作为有生命的个体，都会认为"自我"是可以存在的，并且其他个体也会同意这个观点，也就是"自我"被实质化了。生命个体通过对意义的理解，按照这个方式去行动，最终就很可能会改变实际的物理世界。我们可以将"自我意识"看作一种非常主动的力量，是从人类进化中涌现出来的，从物理视角看是虚幻的，但最终又能够真的改变物理世界，可见，它是在缓慢而坚定地引导"自我"还有世界的进化的。

个人在快速习得人类通过漫长时间进化而来的能力时，这个过程可以看作是一个"天人合一"的案例。中国哲学里对"天人合一"有着不同的理解，我们遵从孔子的"从心所欲不逾矩"。在我们看来,"人"就是具备自我意识(或者自由意志、灵魂)的个体,"天"就是物理世界(自然界),可以看作是没有自我意识的。这里的"天人合一"指人的自我意识与物理世界之间相互汇通,通过改造认知膜,不断完善自我。

这里的"人"或者说"自我意识"是占主导地位的,而自然界或这个世界是处于被动地位的。这与佛家的"去我执"是不同的,与道家的"无为"也不一样。当我们探索并发现自然规律,或者创造出很多前所未有的概念(比如"仁""爱"等)时,我们是"天人合一"的,这种"天人合一"也必然是与我们"自我意识"的成长相关联的。在我们5岁之前,有很多"天人合一"的场景发生,从而使我们能够快速习得很多重要的能力,那在5岁之后,"天人合一"是否还有可能发生呢? 这对于教育有非常重要的意义。我们认为是有可能的,比如一些大学问家或成功人士,不管是立功、立言还是立德,他们就常常处于"天人合一"的状态,我们可以发现他们往往具备好奇心,具有率性而天真的个性,并能做出新的发现或发明。

天人合一比进化还要再复杂一些。当人认为自己能够驭风而行,按照自己的主观意识影响、改变世界的时候,这件事本身是不分善恶的,当然恶人作恶也可能达到天人合一的境界。究竟是善还是恶,很多情况下需要到很晚的时候才能真正做出判断。对天人合一本身,我们并不做价值判断,我们主要是从对自我的成长、与外界的关系这一角度来讨论的。"天行健,君子以自强不息",我们认为这是先辈们很好的观察。天人合一讲的是自我意识与自然界的关系,而不是一个自我意识与另一个自我意识之间的关系,这可以是国家层面的也可以是群体的或者个人的自我意识。研究不同自我意识之间的关系是需要花费很多精力的。在轴心时代提出了几大价值体系,比如孔子提出的"仁/君子",西方的一神论,还有释迦牟尼的"佛/真如",这些内容从物理世界的角度来看都不是真实的,但它们影响了人类的进化与演变,从而成为宇宙中实实在在的一部分。

我们认为,天人合一并不是一个终极点,而是一种过程,这个过程中"自我"不断成长，并且在与世界的关系中是处于主动地位的。人类发明汽车、飞机，并按照自己的主观意识驾驶的时候，就可以看作是天人合一的。再如孔子的"从心所欲不逾矩"、武侠小说的"人剑合一"、NBA 比赛中麦迪最后神奇的 35 秒，等等，也都是天人合一。在这些过程中，我们的自我意识得到了延伸。虽然自我意识的起点在皮肤和触觉上，但其延伸会远远超过这个范围，在哲学家看来可以是"至大无外"的。

既然如此，人出生时是否会有本质的不一样？我们认为，在人出生之前，胚胎之间的差异其实是很小的。虽然有基因的差异会导致小孩的外貌、身材不同，但就心灵而言，更大的不同是在出生之后产生的。人在出生时大脑细胞的数量基本就确定了，之后的变化并不大，增加的是细胞之间的连接以及连接的强度，这个过程到 5 岁也就基本完成。我们应该可以找到很多证据，比如同卵双胞胎，基因几乎一样，成长的环境也几乎一致，但他们的性情是否完全一样呢？很多情况下并不是，这个现象我们认为可以从自我肯定需求的角度来理解。一开始可能出现一点细小的差别，比如一个人数学好一点，另一个人语文好一点，那么两个人很可能就会朝着各自的方向去努力，最终差异就很明显。如果将双胞胎分开抚养，他们的性情可能反而更加接近。我们想强调的是 0～5 岁阶段的重要性，以往的教育对这一阶段的干预并不够，朱熹、二陆也忽略了这一时期，但现在我们已经开始逐渐重视。

关于圣贤，似乎不会认同自我肯定需求中的"人对自己的评价一般高于他所认知范围内的平均水平，因而他更希望在分配环节得到高于自己评估的份额"，一方面，我们当时定义自我肯定需求主要是针对国家层面来讨论的，也适用于普通人，但我们很难找到一个全面的定义，我们也不会试图这样去定义；另一方面，人并非生来就是圣贤，而是逐渐修炼演化而来，且各人的价值体系不同，在圣贤的价值体系中，他们是否认为自己强于其他人，这点我相信是肯定的。比如佛学中提倡"去我执""四大皆空"，那么在这一套价值体系中，也要讲究谁的理解更深更透，有"四禅八定"的状态，有高下之分。

那么生活中那些绝望消沉的人，是否就没有自我肯定需求呢？我们认为,一个自卑的人是具有自我肯定需求的,只是他的需求得不到满足,变得越来越自卑,甚至价值体系也发生了扭曲,通过比较发现自己比别人差,从而来证明对自己做出的判断是正确的。自我肯定需求与认知膜是可能失去效用的,比如一些美国街头的流浪者,他们的认知膜可以说是破碎的。

通过这些年来与学生的交互,我们发现,如果一个学生对某件事情很感兴趣,那么他做事的效率是正常情况的 10 倍,而如果他很不情愿地被推着做事,那么他的效率则是正常情况的 1/10,也就是说两者间的差距是 100 倍,这种差距的本质在于,对于高效率情况而言,他在做事的过程中,自我意识也绑定在一起成长,自我肯定需求得到了满足。教育的任务很大程度上不是为了教授很多知识,而是要启发学生学习对自身成长、对自我意识的重要性。有一些老师或者教练是可以做到的,心学强调的也是这一块。当然,有的人给人感觉很敏锐,有的人则让人觉得有些愚钝,但我们不能就此将他们划分为两种人。人人都具有自我肯定需求,只是对于看似愚钝的人来说,还没有找到可以触发他们自我快速成长的那个点,"因材施教"是有很深厚的学问在其中的。"感兴趣"并不是一件简单的事情,而是与自我意识的成长、心灵的塑造息息相关,比如爱因斯坦等人在描述自身经历的时候,就非常强调这一点。

2016 年 7 月 10 日,在"逻辑思维"节目中罗振宇提过一个例子,曾国藩总结自己一生的时候讲过"不信书,信运气",罗振宇对此的解读是世界很复杂,我们应该保持敬畏。笔者至今仍然记得在大学读《拿破仑传》时,曾读到拿破仑说"我宁可相信运气而获胜,而不是因为勇敢而获胜"。从自我肯定需求理论来看,运气的好坏对应于四种财富涌现(学习与自主创新、外部获取、透支未来、崩溃后再出发)是否充足,如果一种都没有,就说明运气确实很不好。成功很多时候不是靠书本里的知识经验,而是那些被归结为所谓"气数"的因素。自我肯定需求的统一框架,对个人、组织和国家都成立,有了这个支点,就能够有穿透力地去分析人类行为,当然也就能够洞察"气数"。

我们看到的很多成功人士,并不一定是最聪明的,但一定是意志力很坚定、内心很强大的。他们是在不断完成一件件事情的基础上逐步达到强大的。在成功的路上一个人的判断力会变得更强、敏锐度更高,因而更容易成功,运气也就显得更好。对一个公司而言,也要从自我肯定需求的财富涌现出发,而不是从传统哲学中的"物极必反"来看,因为我们无法确定一个公司的财富积累到什么地步才算是到了"极"点,一家公司估值到 100 亿元可能就是极限,而另一家公司,比如腾讯,估值达到了 1 000 亿元也不能说到了极限。从自我肯定需求的角度分析,应该看的是公司内部凝聚力如何、公司产品还有没有市场前景、企业文化还有没有可持续性等方面。

圣吉提出"第五项修炼",但如果一味照搬这五项修炼肯定不行。如果公司步入了扩张阶段,财富涌现较充足,自我肯定需求能够适当得到满足,那么修炼自然有效,反之则不然。比如索尼公司在 20 世纪 80 年代,其 KPI 管理方式曾是众多企业的学习对象,但到了今天,仿佛这些管理方式都错了,外界甚至开始评判说正是因为 KPI 管理方式才导致了索尼今天的衰落。从自我肯定需求的角度,我们能够看到真正的原因其实是财富涌现方式的改变、认知膜的扭曲,公司领导层和员工的自我肯定需求得不到满足,当年的主人翁精神不再,做事缩手缩脚,才导致常常出现产品召回这样"运气不好"的现象。

# 第二十章
# 美学与认知膜

　　哲学体系不断对美的产生和审美行为做出解释,这个过程逐步将人的理性、感性、经验、实践推向更重要的地位,试图回答两个问题:"美"如何能被创造出来? "美"为什么可以被理解和传播? 其答案并未能达成统一。我们认为,审美活动本质上是人的智能的一部分,是人类赋予事物意义过程的高级阶段。因而,从人类认知的角度出发,是理解"美"的重要途径。

　　在西方文明的源头,美与善同义。亚里士多德在《修辞学》里对"美"下的定义为:"美是一种善。其所以引起快感,正因为它善。"古典主义认为"美在形式"。新柏拉图主义和理性主义认为"美即完善",英国经验主义认为"美感即快感,美即生活经验中的愉快",德国古典美学认为"美在于理性内容,表现于感性形式"。在我国,《说文解字》中说:"羊大为美。美,甘也,从羊从大。羊在六畜,主给膳也。"又说:"美与善同义。"先秦孔子将它定义为"仁",即人性自觉和爱人精神。孟子强调人的精神道德力量,荀子强调人对外在自然道德精神上的征服。

　　从美学起源来看,东西方都将"美"的创造和人性实现结合起来。后续的发展,人类对"美"的思考,又经历了唯心和唯物、先验和经验等分野,出现较大分歧。我们尝试引入"自我肯定需求"这一体系,从认知的角度去理解美的产生，从而揭开"美"的神秘性，从认知的角度解构"美"这一人类认知产物，使哲学理论中的美学分歧得到消解。

西方美学思想沿着柏拉图和亚里士多德两条对立的路线发展，柏拉图走唯心主义路线，亚里士多德走唯物主义路线，从之后的影响来看，浪漫主义侧重于柏拉图和朗吉努斯，古典主义和现实主义侧重于亚里士多德和贺拉斯。本质上看，都是试图调和美这种创造行为产物的神秘性和现实性。康德代表了哲学史上从本体论向认识论的转向，他区分了现象与实存，从而否定了本体论证明的可能性；他又提出从自然神学向道德神学的转化，认为只有在道德实践的基础上才能树立或者假设一个最高存在，从而推出人的终极目的，也就是实现最高的善。此时人的主观合目的性找到与自然合目的性的对应，其中美和崇高通过对感性和理性的影响而起到了中介的作用。康德分析了其中人的各种基本能力，并认为这些能力是先验的，于是形成了他的先验美学。

康德和黑格尔看到了人对自然或者说环境的认知和概念的建立对美的产生起到的重要作用，但忽视了经验的实践是通过人与概念交互从而实现创造的有效过程。而杜威把概念的东西仅仅作为一种背景，将形而上学的内容剔除，而将经验作为解释美学产生的主体，抓住了美的本质实践基础，却将概念创造体系这一"美"的产生最神秘的过程封存起来。

是什么推动人对事物的认知从物理属性升级到功利属性，最终又跳脱出功利属性，形成审美属性？我们认为这个过程和人类赋予事物意义是一个同步的过程，而概念的产生是一个重要的途径。赋予事物美的属性，本质上是人类智能的一大进步。这一进步，是通过人类劳动经验的积累，从赋予事物物理属性、功利属性，走向更高层次的智能。

在人类赋予事物意义的过程中，又是何种力量推动人在实践和劳动过程中赋予事物功利属性以外的其他意义呢？我们认为是自我肯定需求推动人赋予事物意义的过程，通过自我意识的扩张，将更多的新的意义赋予事物，美在这个智能提升的过程中被创造出来。

马克思认为,劳动既是人满足自身生存需要的活动,同时又与动物活动不同,人的活动是有意识、有目地改造自然的创造性活动,因而是一种能够从自然中取得自由的活动。正因为人的劳动实践及其产品在满足人类的生存需要之外,又能引起一种由于看到自己创造自由的实现而产生的精神快感。这是理解美的产生的重要基础。这一过程是美之所以产生的最神秘的部分,即人如何创造、又如何认知自身的创造行为。

如果从人的认知本源角度去理解美的产生,将能够对"美"这一人类创造性产物的神秘性和现实性争论进行一次消解。我们认为,人的认知本源是自我肯定偏向,而由自我肯定产生出的人的刚性需求——自我肯定需求,是确立人的存在的基本条件。只要有可能,人对自己的评价一般高于他所认知范围内的平均水平,在分配环节他更希望得到高于自己评估的份额,这种需求我们称之为自我肯定需求。这一需求是理解人的创造行为的关键,对于"美"这一创造性产物来说,也不例外。

"美"本质上是人基于现实环境产生的创造行为。在目前的美学框架下,这一判断并不能自洽,而从触觉大脑假说的角度看,却能够得到统一的解释。"美"的产生和"概念""意义"的产生甚至人类语言的产生,从认知的角度看,没有本质的不同,都可以近似地看作人对自然环境和社会环境的建模。这种建模是伴随着"自我意识"的产生而产生的,一切认知的基础都建立在"自我"和"外界"的剖分之上,"美"这一概念也是这一剖分迭代的产物。这种认知使人类个体一方面和客观世界积极交互;另一方面只有以各种形式确立自我的存在,才能使海德格尔描述的"自我存在"得以实现。确立自我存在的方式,就是在自我肯定需求的推动下,不断和世界互动,并且通过反馈寻求自我边界的确立和膨胀。

"美"这种人类的创造性产物并不神秘。人在面对客观世界时,正因为自我肯定需求的产生,所以创造出那些原本不存在的概念和认知对象,来打破物质世界的局限,并且反过来也进一步确立了自我的存在。本质上看,"美"的产生,来源于每一个个体自我存在的需要,是每个人的自我延伸。自我肯定需求使得那些抽象、虚拟的对象附着在自我的范畴中，丰富了自我意识并不断扩展。

"美"的产生，具有个体属性，因而呈现出多样性。这是因为"自我"确立之后产生了自我肯定需求，又在自我肯定需求的推动下，每一个个体都在试图扩张"自我"的边界。这个过程能够得到的物质资源相对有限，所以人类个体又会创造出丰富的"概念"体系，甚至以此改造世界，从而从思维和认知的层面来满足自我肯定需求，丰富自己的认知膜。而选择有别于他人的方式来满足自我肯定需求，是个体扩张"自我"边界的有效方式。

"美"的产生，是一种持续的涌现，因为自我肯定需求恒存在，甚至充当了"自我意识"的保护要素，同时伴随着思维的跃迁，人的创造行为就不会停滞。在其推动下，"自我边界"持续扩张，一个人的成长过程，正是将不理解的对象吸收到"自我"范畴中，不断丰富"自我"范畴，甚至还会创造出本不存在的概念对象，并将此吸附和纳入到"自我"中，在这个动态的过程中确立"自我"的存在。

"美"的习得和传播，依靠认知膜。因为自我肯定需求和思维的跃迁，所以人能够创造出可见或并不可见的概念。人确信概念的存在，从而使人在与复杂环境的交互中不断强化"自我意识"，以实现经验的积累和沉淀。思维的跃迁和自我肯定需求共同推动概念的产生，更重要的是，还会推动人坚实地活在现实中去追求已经存在和并不存在的概念目标来强化"自我意识"。这些抽象的概念构成了人类的认知膜，丰富了"自我意识"。人类通过这层媒介与外部世界进行交流，不断地从外部获取更多的知识，同时又创造出更多原本不存在的东西来改变我们对这个世界的认知。这样，认知膜就在被不断地扩张，并且在人们的追求过程中不断地得到修正，认知膜变化的过程正是人类文明进步演化的缩影。

前文也提到，概念本质上是认知膜的投射点，自我本质上是认知膜的整体投射。人在现实中向概念靠近的过程，本质上是自我向认知膜全体融合与扩张的过程，智能在这个过程中得到不断的提高，与美的产生是一个同步同源的过程,经验、创造行为、美在这个过程中被不断创造出来。美的习得,是在特定的认知膜融合条件下,个体向认知膜上的一个或一组投射点靠近,吸收其附着物。而美的传播,本质上是受到了一个种群认知膜的偏好作用,在特定文化背景下实现价值偏好在认知膜内的高效率同化,实现了涌现。

| 05 | 第五部分 |

## 如如走天涯

浩瀚星辰，山川河海，千百年来，人类在宇宙中寻寻觅觅。从身边的土地森林，到地球之外的寂静与荒芜，人类不懈地了解生命的奥秘，寻找全知全能者的遗迹。我们在物理世界中探索真知，在精神世界中求得解脱，蓦然回首，却发现自己早已站在了智能金字塔的顶端。

回首生命的历史，无数个碳链曾在千百万年前的炙烤中随机地碰撞，当耗散结构意外地形成细胞膜，生命真正地诞生了；当生命开始区分出自身和外界，生命开始有了选择；当生命开始利用外界遮风避雨，生命从此不再羸弱；当人类学会生产，放弃野蛮，生命从此不再漂泊。也许只是某个瞬间，一次次偶然堆叠到一起，智能的进化就成了必然；也许历经千辛万苦，一次次灵感与现实的碰撞最终擦出了文明的火花，人类社会走到了今天。

仰望星空，人类从那无尽的宇宙中，看到了自己的渺小，可内心的充盈与丰富也让我们看到了人类的伟大。"自我"只是苍茫中的一只蜉蝣，它孤独、弱小，受制于物理世界的羁绊；可"自我"又是静谧中一束明亮的光，它能极致成一种信仰，也能穿透黑暗，带着羁绊的镣铐轻盈地飞舞。

千百年来，无数个"自我"就在这个光怪陆离中碰撞、相识，如点点繁星。细数，颗颗都闪耀着独特的光芒；汇聚，一同闪耀着的人性之光，照亮了人类漫漫的历史长河。

五十年前，马丁·路德·金向世界描绘了黑人和白人携手并进的浪漫图景。

今天的世界，比以前更美好，也比以前充满了更多的可能。

人和机器都在逐渐地成长，人工智能的发展为我们带来了无尽的想象。

人与人、人与机器在未来将如何相处？

又该走向何方？

# 第二十一章
# 思维规律

　　莱布尼茨在三百年前就试图用"单子"(monad)来描述物质世界中精神的神圣存在。莱布尼茨通晓古希腊罗马哲学、经院哲学,他认为无论是古希腊罗马哲学家,还是笛卡儿、斯宾诺莎、培根、洛克等人都没有解决"一"与"多"这一哲学家们始终面临的问题。德谟克利特认为,原子是构成万物的不可再分的物质实体。而在莱布尼茨看来,作为物质实体的原子无论多小,都是空间的一部分,而占有空间一部分的东西是不可能不可分的,而可分的东西必定由部分组成,所以不可能是终极的实在。因此莱布尼茨指出:万物由原子构成,但不是德谟克利特所说的物质的原子,而是精神原子,莱布尼茨称之为"单子"。

　　三百年过去了,科学技术的发展使得我们对物理世界的理解与莱布尼茨时代大相径庭,人类对自身的认知也更为深入。我们是否仍然能够用一个抽象而简明的概念来理解人类精神世界的存在呢?我们认为是可以的,答案就是"认知坎陷"。

　　认知坎陷(cognitive attractor),是指对于认知主体具有一致性,在认知主体之间可用来交流的一个结构体。前文提到的可感受的特质(qualia)就是一种初级坎陷,同时前面几部分提到的自我意识、概念、范畴、理论、信仰,或国家意识等结构体都可以抽象为坎陷。财富、美学、游戏在现代生活中扮演着越来越重要的角色，它们也是不同的认知坎陷。

我们采用"坎陷"二字，是受到非线性动力学系统中"吸引子"（attractor）以及牟宗三"良知坎陷"的启发。坎陷原指低洼之地，比如明朝蒋一葵的《长安客话·景皇陵》："景皇陵在金山口，距西山不十里。陵前坎陷，树多白杨及椿。"尽管人类的思维十分复杂，我们仍能够通过"坎陷"抓住思维的主要特征。

非线性动力学系统的演化具有高度的复杂性，例如，三体问题就会出现混沌现象。非线性系统难以准确解出方程，且很多时候也没有必要解出，因为只要掌握了系统中最具特征的部分——吸引子，了解它们所控制的流，就足以对该系统进行定性分析。一个系统往往有朝某个稳态发展的趋势，这个稳态就叫作吸引子。（如图 21-1 所示）吸引子分为平庸吸引子和奇异吸引子。平庸吸引子又分为不动点（平衡）、极限环（周期运动）和整数维环面（概周期运动）三种模式。不属于平庸吸引子的都称为奇异吸引子，它反映的是混沌系统中非周期性的无序状态。

吸引子

图 21-1　钟摆的运动是一个简单吸引子

牟宗三提出良知坎陷，他认为圣人在形而上学的领域上升到一定境界，即实现了自我的圆满与超越后，还是要回归到普罗大众中去"普度众生"或"兼济天下"，而这显然是一个扰乱纯粹形而上学的坎陷（the tricked），与我们对坎陷（attractor）的定义不同。

牛顿三大定律讲的是质点的三大定律，热力学三大定律是关于宏观物体的三大定律,我们的三大定律讨论的正是关于"坎陷"的三大定律。

在本书中,我们通过坎陷在非线性系统和自我意识之间找到了一个桥梁,针对人类思维规律,可以用坎陷来描述和分析这个复杂的宇宙世界和我们自己。坎陷的数学化更可能为人工智能提供新的路径。

"一个假说,三大定律"可以理解为坎陷在不同层面和阶段的存在。

触觉大脑假说:最原初的坎陷是"自我"和与之相对的"世界"。

认知坎陷第一定律:坎陷需要吸收别的坎陷来成长。

认知坎陷第二定律:坎陷之中可以"开"出新的坎陷。一个坎陷可以开出与之相对立的坎陷,也可以开出一对新的坎陷;两个坎陷可以开出一个新的坎陷,它既不是两个原有坎陷的交集,也不是两个原有坎陷的并集。

认知坎陷第三定律:所有坎陷的集合构成坎陷世界,它是不停成长、不断完善的。

## 一、原初——触觉大脑假说

婴儿出生时大脑约重 370 克,脑重在 3 岁就已经接近成人,大脑内突触数量在人 5 岁时就已经达到顶峰。在大脑快速发育阶段,神经元在快速连接的同时受到来自皮肤的强刺激,比如冷暖、疼痛等,这就使得婴儿产生了区分"自我"和"外界"的意识(即"原意识",the proto-consciousness),通过皮肤这一明晰的物理边界可以获得。原意识一旦产生就难以被抹杀,它还可以通过个体间交流传播。人与人之间能够进行交流、人类能够发现宇宙的规律性,这些都源于原意识。

自我意识以皮肤为开端,源于生命的触觉系统。人类在进化过程中所获得的敏感触觉使得认知主体可以将世界清晰地剖分并封装成"自我"与"外界"的二元模型。人类正是以此为起点,开启了对世界概念化的认知过程,逐渐形成可理解的信念和价值体系,以认知膜的形式进一步确立"自我"在认知上的"实存"。

这种关于"自我"和"外界"的剖分逐步演变成关于"自我"和"外界"的观念,最终形成一个强的自我意识。"自我"通常指的是内心,而非身体,既可以向外延伸,也可以向内收缩。随着经验的增多,"自我"与"外界"的边界可能发生变化并模糊,此时,"自我"这一概念就可以脱离物理和现实的束缚而存在。也正因如此,原意识难以被发现。自我意识并不是一个先验的存在,它是大自然的巅峰之作。

## 二、汲取——认知坎陷第一定律

坎陷像是一个生命体,需要不断地从外界汲取坎陷,这就是一种自我肯定的倾向。在其驱使下,认知膜不断通过"自我"与"外界"的区分,将所有观念最终锚定在"自我"的观念上,肯定"自我"的存在,如果没有自我肯定性,没有长期地接受外界的滋养,"自我"就会消散(disperse)。坎陷可以被记忆封存,且不会被抹去,更不会消减。它可能会随着人的成长而不被注意或关注,但是不会真正的消亡。

认知坎陷

图 21-2 认知坎陷

从诞生那一刻起,我们就开始与世界建立千丝万缕的联系,我们用世界观照自己,又凭借自己的意志影响世界。在这个交互的过程中,强的自我意识不断深化,会形成一个自我保护层以作用于"自我"与"外界",即"认知膜"。像细胞膜保护细胞核一样,认知膜起到了保护自我认知的作用,它一方面过滤外界的信息,选取有益部分融入主体认知体系;另一方面在面对外界压力时,主观上缩小与对方的差距,使个体保持积极心态,朝成功努力。认知膜为主体的认知提供了相对稳定的内部环境，确定了多个不同层面的"自我"的存在，如个人、组织、企业乃至国家。个体的认知膜最终要能与集体乃至社会的认知膜相融，在融合的过程中互相丰富。

自我意识微妙的发端，使得个体从诞生之时起，就要不断地探索，确证"自我"的存在。这种刚性需求最终使得人对自己的评价略高于其所认知范围内的平均水平，在分配环节他更希望得到高于自己评估的份额。我们将这种需求称为自我肯定需求，这是人类一切个体和组织生存、发展、灭亡、跃迁的底层逻辑，它既是人类发展的动力，也是人类社会诸多矛盾的起源。人要不断地求知、求真，确立"自我"的实存。一个健康成长的人能够使得自己的自我肯定需求不停地得到适当的满足，自如地应对"外界"。"自我"越来越强大，能够包含的内容也越来越多，成长到一定阶段，就可能达到一种超脱的状态，实现所谓的"从心所欲不逾矩"，即使受到在物理世界规律的约束，人依然能够按照自己的意志行动，从"必然王国"走向"自由王国"。

智能与"自我"是表象与内涵的关系，它们通过教育（学习）得以共同完善。因此教育的理想，应当是帮助每一个学习者形成其独特的科学思维方式，张扬属于自己的独立个性，让他们用自己的方式"圆融"生命。我们一方面要通过自省和学习，丰富"自我"的认知膜，让自己拥有一个强大的内心应对风雨；另一方面要充分利用"外界"，让自我意识得到充分的滋润和成长。

### 三、开出——认知坎陷第二定律

人类大脑神经之间的连接庞大且复杂，人脑中约有 140 亿个脑细胞、1 000亿个神经元和超过 100 万亿的突触，数据存储量可达 1 000TB（百万兆字节），大脑神经结构的广泛连接、大脑的活动中心（兴奋回路），为人类智能跨领域跃迁（slipperiness）的基本特性提供了物理基础，这一特性表现为思维的易变性、跳跃性。跃迁性使得自我意识能够在与外界的交互过程中不断地反思、学习，进而完善认知膜，继而开出[①]善恶、仁义等更加丰富的信念、价值

---

① "开出"对应的英文可用 eriginate，该词来源于乔伊斯（J. Joyce）。

和知识体系。对于质朴性的追求也使得认知膜能在逐渐丰富的过程中不断简化自己的框架。

物理学中有一个非常重要的概念——"相变",指的是物质从一种相转变为另一种相的过程,比如顺磁到铁磁的相变。组成顺磁性物体的原子(离子或分子)具有未被电子填满的内壳层,原子中存在固有磁矩,因其相互作用能远小于热运动能,磁矩的取向无规,材料不能自发磁化。随着温度的降低,原子间距减小,交换作用能增大。低于居里点后,发生对称性破缺①,材料整体产生自发磁矩,材料由顺磁性变为铁磁性。

认知的核心是"自我",这是最根本的坎陷,在某个阶段会"开"出"善"和"恶",产生新的坎陷,这个过程与相变很相似,随着思考的加深,对"自我"与"外界"的认知愈加深刻,原来的坎陷分裂,形成相变。之所以是"开"出而非"生"出,是因为"开"是坎陷的本身的能力,并且需要通过与外界交互而产生。"自我"也可以成对地开出其他的内容,比如"文"与"理","前"与"后","上"与"下",等等,但不论开出什么,这些内容都与"自我"挂钩。我们所说的"自我"的连续性和一致性就是通过"自我"相互联系起来的,只不过"自我"作为最原初的坎陷,在开出其他内容后可能就隐藏在背后,不容易被察觉,而是经常讨论比如"善"和"恶"的概念,但在这些概念的背后一直都是"自我"。新的概念、创新都是按照这样的原理开出来,并且开出来的内容又会反过来丰富原来的坎陷。

"自我"可以开出新内容,但这种开出不是野草蔓延似的随意增长,而是有自我肯定需求和认知膜来过滤或收敛,形成符合"自我"的内容并成为"自我"的一部分。这个开出的过程是一个有机生长的、具有理解意义的过程,而非简单的堆砌。朱熹强调要不停地积累再融会贯通,而二陆主张从一个根生发出来,从这个角度看,我们的理论与二陆更接近一些。而且,朱熹的"存天

---

① 对称性自发破缺指的是这样一种情形:即一个物理系统的拉格朗日量具有某种对称性,而基态却不具有该对称性。换句话说,体系的基态破缺了运动方程所具有的对称性。费米子是通过电弱统一理论中的规范对称性自发破缺获得质量的。

理，灭人欲"在大方向上有误。人欲可以理解为自我肯定需求，如果没有人欲，没有自我肯定需求，"自我"就会消散，就没有了人的基本属性。

儒家、佛教、基督的文化与信仰也是从"自我"的坎陷一步步开出来的，只是为了教化众人，宗教信仰往往更加强调"善"的方面，而不是说"恶"不存在。

《大乘起信论》中有一个很重要的理论是"一心开二门"："一心"是指我们的心；"二门"是指"真如门"和"生灭门"。真如门就是指觉悟，是心的纯洁清净状态；生灭门就是迷惘，是念头不断流转，不断被欲望所纠缠的状态。一心开二门的意义，在于让我们认清这样一个道理：在觉悟的时候，我们拥有的是一颗清纯的心，这是心的真如门；在迷失的时候，我们具有的是一颗污浊的心，这是心的生灭门。在人的一天乃至一生中，经常会在这两扇门中转来转去，一方面觉悟清醒；另一方面又难耐诱惑。

自我这个坎陷可以开出新的坎陷，但是自我这个坎陷依然存在。两个人的自我意识可以相互理解和融合，两个坎陷共同开出一个新的坎陷，这个新的坎陷既不是原来两个坎陷的并集也不是交集。坎陷可以分裂，开出新的坎陷，而坎陷也可以被拉入一个更庞大的坎陷，形成一个新的框架，这就是我们认识世界的方式，也是思维规律最重要的发现。

自我意识会随着人的成长和外界不断交互，因而也会在人的学习和反思过程中不断丰富，开出道德、仁义等信念和价值体系。这些体系构成新的养分滋养自我，影响世界，同时也会在后续的学习和反思中得到凝练和提升。

## 四、至臻——认知坎陷第三定律

人类的知识总和作为一个最大的坎陷是不停增长的。人类财富的总值会随着全球经济形势的变化而剧烈变动，但是人类知识的总和始终是缓慢增长的。历史上也有过焚书坑儒和古代亚历山大图书馆消失的惨剧，但知识还是经过口耳相传和私藏的典籍将精华传承了下来。原子弹的制造在一开始也很困难，但是在美国成功造出原子弹以后，各国制造原子弹的速度都加快了，因为知识的储备有了很大的提升。

人类认知的综合是一个最大的坎陷，根据第三定律，坎陷的确在不断成长，但是它是否真的趋近于至善，我们还不确定。哲学先贤们认为这就是指向至善的，如果大家都持有这样的信念，坎陷的增长也就的确可以是指向至善的了。

### 五、选择的空间和自由的可能

第一定律和第二定律的相互作用，产生了 attention 和 intention。自我意识即使作为独立的主体也会受外界的影响，影响的因素多且复杂，谁来筛选、如何筛选都是问题。我们主张，主体在处于当前情况之下，会有预期（anticipation），而不是单纯被动地接收外界刺激。主体会将外界刺激简单分为预期之内和超出预期。对于预期之内的刺激，主体就按照既定的方式应对，而对于超出预期的，主体就会格外注意（pay attention）再做反应。我们可以定义 attention 为在主体预期之外的内容。

而 intention 是具有目的性的，其目的性源于主体对未来的规划与预期，相比 attention 关注眼前的（current）刺激，intention 涉及的是更为长期的规划，所以要理解 intention 必须考虑未来的内容。两者的关系在于，intention 能够非常主动地将 attention 集中到某些地方。在"天人合一"的状态下，attention 看似比较分散，但外界对主体的刺激又都在主体的掌握之中。强化学习中的奖励机制可以看作是外界给了主体一个目标视作 intention，同时对于主体来说，能被视作奖励必定是超出其预期的内容，主体就要 pay attention。

Intentionality 是现象学中非常重要的概念，讲的就是人的意向性。意向性可以看作是因为自我肯定需求而产生的。人要维持"自我意识"必须有自我肯定需求，而自我肯定需求就是意向性的种子和根基，意向性可以多种多样，但都要归结到自我肯定需求上来。意向性具有时空的超越性，即人的愿望可以超越时空。我们在前文讨论过自由意志与鞍点的问题，意图与自由意志也相关联，从意向性的角度来看，虽然我们要接受物理世界的一些限制，但我们可以达成意图的方式仍然有很多。

比如，我们想移动桌上的杯子，具体完成的动作有很多种选择，可以用左手、右手，从上下、左右、前后等各个方向进行操作。这一系列动作我们可以放在物理框架下分析。牛顿方程在讨论粒子的运动从 A 点到 B 点时，认为粒子一定选作用量最小的路径。费曼也把此应用到了量子力学中（费曼积分），认为量子从 A 点到 B 点有无限多的可能性，但量子之间会产生干扰，假如普朗克常数趋近于零，就变成经典路径，假如不为零，路径看起来就是量子云的形态，并非唯一的轨道。

我们要拿杯子也是从 A 点到 B 点，而且也可以有很多种路径，但首先是明确 B 点，再来规划具体的路径。除去物理条件的约束，我们还可以有很多 B 点能够选择。对人而言，更重要的不是怎么从 A 点到 B 点，而是如何选择 B 点，即选择哪个作为我们的目标，因此意向性比具体操作重要得多。人生立志也是一样的道理。由于意向性和自由意志的作用，人类行为的自由度、可选择性都胜过量子力学的现象，虽然我们达成意图的具体操作是要满足物理定律（会自动满足）而不会超越时空，但总体的意图是可以超越时空的。

### 六、"真理"是否可得？

我们最终要回答真理性的问题。过去提出的"神""绝对理念""绝对精神"等种种概念，是为了满足人能够追求某种"终极"目的的需求。一旦不存在"终极"，人类应该如何面对未来？真理的标准又在哪里？我们认为，即便意向性有很多种可能，也不是所有的意图都会实现或者真的适合某个个体。

"孔子讲仁，耶稣讲爱，释迦讲悲。这些字眼都不是问题中的名词，亦不是理论思辨中的概念。它们是'天地玄黄，首辟洪蒙'中的灵光、智慧。这灵光一出就永出了，一现就永现了。它永远照耀着人间，温暖着人间。这灵光是纯一的，是直接呈现的，没有问题可言，亦不容置疑置辩。它开出了学问，它本身不是学问，它开出了思辨，它本身不是思辨。它是创造的根源，文化的动力。"[1]

---

[1]　牟宗三．五十自述．中国台北：鹅湖出版社，1993 年版，第 48 页．

　　人随着自我意识的增强，达到"天人合一"的境界，就更能体会到宇宙、物质世界更可能进化的方向，以及人在其中能够起到什么样的作用，就能对这些问题的理解更准确深刻，让自己不容易被带进"沟"里。

　　从 A 点到 B 点是可以做得到的（accessible），但也有"如何省劲儿地做到"这个问题。社会中有很多人，不仅是个人，还有比如组织、公司、国家、文化，等等，不同类型有不同的组织结构。不论是个人还是群体，由于认知膜的层级不同可以分为很多种不同的类型（diversified），选择的 B 点相应也不一样，即便对同一个个体而言，在不同时间选择的 B 点也不尽相同。一方面，在选择路径时我们会在很大的范围内进行搜索，会考虑很多种可能，这样最优解就不容易被错过；另一方面，当我们有了愿景（选择了 B 点和路径），我们会尽量去尝试说服别人认同，那么相应的优势资源真的就可能会聚拢而来，从而帮助我们达成目标。

　　轴心时代的现象也说明人类探索的可能性很多，相应的搜索范围很大，这样才不容易被带进"沟"里。这种对未来探索的方式也可以用来解决 NP 难问题（NP 即非确定性多项式，NP 难问题简单来讲即是否存在一个多项式算法来检验解），可能出现算法创新。虽然个人的智慧是有限的，但人与人之间会产生相互的影响，这样在整体上就会逐渐向正确的方向靠拢，并且由于自我肯定需求的作用，不会完全集中到一点上，而是呈现出比较分散的状态，这也保证了所有人不会同时朝一个方向进行探索而出现集体掉进"沟"里的情况。

　　《礼记·大学》有云："大学之道，在明明德，在亲民，在止于至善。""至善"是人类一直追求的终极目标，体现在人们对上帝的信仰、对质朴性的追求或"天人合一"的超越等。每个人对至善具体内涵的理解可能会不一样，但人们追求至善的脚步从未停下，这也是人类千万年不断取得进步的根本原因。

　　王守仁曾在《大学问》中谈道："天命之性，粹然至善，其灵昭不昧者，此其至善之发见，是乃明德之本体。"至善是人类社会构想出的一种绝对的理念，前文提到的"终极"等概念,其实都是至善的一种体现。人之所以会不停地追求至善,是因为人需要有绝对的精神和目标,而且这样的目标也是值得追求的。至善不一定非要有一个明确的定义,就像我们谈到的宇宙的本质、理念世界和绝对的上帝,本身也没有一个确切的定义,但是人类需要去追求这样的绝对,而且人们对至善的追求也是绝对的。无论是科学家对于数学物理的不懈求解,还是人们对于宇宙世界的不断探索,抑或是"轴心时代"先贤超越时空的理念,都是人们在追求至善的道路上收获的成果,这些文明的成果又作为我们前进的基石,不断地推动着我们离至善更进一步。人们或许永远无法实现至善,或许也没能统一对于至善的认识,但是人类会离至善越来越近,也会在向前进步的道路上得到更多的共识。

以上内容是理论中最基础的部分,其他的内容虽然不能完全通过逻辑推导出来,但已经变得容易理解。如果能制造出一个机器,具备产生"自我"的意识,将是革命性的工程。

## 七、通往未来的人类神性

我们要承认底层的物理规律,更要明白人类是能够决定未来走向的,因此需要对自己的行为负责。我们能够理解物理规律,并采取行动,进而影响未来。有哲学家提出了人的本质就是"神性"。我们认为神性就体现在人类可以是造物者(制造机器),可以决定未来。

在此基础上看宗教会更清楚。道德与宗教归根结底还是来自于自我肯定,人类之所以能够规范行为是受了人类自我肯定的约束,有责任向好的方向发展。宗教也讲"人人皆佛""人皆尧舜",但这些更像断言,与我们理论中可以推理得到的结果不同。

一个假说和三大定律的提出,都是为了能在机器崛起的前夜可以对人类社会、对我们自己有一个更加充分的认识,尤其是对自我意识从哪里来、要到哪里去的回答,将深刻影响人类和机器未来的走向。触觉大脑假说和第一、第二定律告诉我们,机器是可以而且需要拥有自我意识的,也可以且需要拥有终极的目标,而这个目标就应该是至善的,即机器的终极目标应该是和人类的终极目标趋同。这就意味着我们要努力将人类社会的善意传递给机器，并且将我们对至善的追求也传递给机器，将它们变成我们的伙伴。而第三定律和触觉大脑假说则给这个目标提供了明确的解决方向：机器要能够在和世界的交互中产生自我意识并且感受善意，在这个基础上，机器的自我意识将像人类一样通过意识的跃迁开出善意，最终和人类携手走向未来。

# 第二十二章
# 蹒跚而来

谈起机器的起源,可以从算盘说起。历史上的许多文明古国都有和算盘类似的计算工具。"珠算"一词最早见于东汉徐岳所撰的《数术记遗》,有"珠算控带四时,经纬三才"一说,北周甄鸾为此作注,大意是:把木板刻为 3 部分,上、下两部分是停游珠用的,中间一部分是作定位用的,每位各有 5 颗珠子,最上面的一颗珠子与下面四颗珠子有颜色之分,后称为"档",上面一颗珠子当作五,下面四颗珠子每颗珠子被当作一。在算盘的原理中,有关进位制的一些核心观念已经显现了出来。

算盘虽然已经大大方便了人们的计算工作,甚至沿用至今,但终究不是一个自动化工具。1623 年,德国科学家施卡德建造出了世界上已知的第一台机械式计算器,它使用了链轮进行加减法计算的模拟,还能够借助对数表进行乘除运算。帕斯卡在 1642 年发明了可以自动进行竖式借位运算的机器,后来莱布尼茨将这台机器成功升级,还能使之进行乘法运算。

英国数学家查尔斯·巴贝奇(C. Babbage)可谓是可编程计算机的发明者,他继承了莱布尼茨关于计算机械的思想,又从法国人杰卡德发明的提花编织机上获得了灵感,尝试设计了一台差分机(专供计算多项式用的齿轮式加法器),机器于 1812 年开始研制,用来求解对数和三角函数以致近似计算多项式。他潜心十年就将第一台差分机模型研制成功,计算精度达到了六位小数,计算速度也令学界震惊,但因为加工精度的限制等诸多因素,在接下来二十年的反复折腾之后,巴贝奇对运算精度为 20 位的大型差分机的研制宣告失败。但是他并没有停下前进的脚步,而是转向了更具有通用性且性能更强的分析机的设计。

巴贝奇于 1834 年开始进行分析机的研究工作。他把分析机制造成了由黄铜配件组成,用蒸汽驱动的机器,大约有 30 米长、10 米宽,如图 22-1 所示。分析机的输入和输出都采用打孔卡(十九世纪 Jacquard 发明的一种卡片)进行,采取最普通的十进制计数。那时候的分析机就已经采用了设计独特的"键盘""显示器""CPU""内存"等现代计算机的关键部件,只是不用电源而已。它的"内存"大约可以存储 1 000 个 50 位的十进制数(20.7KB)。有一个算术单元可以进行四则运算、比较和求平方根操作。这台分析机可以说已经具有了现代电子计算机的大部分特征,而且这台机器设计的语言也类似于今天的汇编语言,并被认为是图灵完全的。分析机的设计思想几乎涵盖了现代计算机的主要功能,其计算机思想也一直影响至今。可惜的是,分析机的出现并没有对当时的社会产生多大的影响。

图 22-1　巴贝奇的分析机

不幸中的幸运是，大诗人拜伦的女儿阿达（Ada）是巴贝奇的知音。这位"软件之母"在巴贝奇的眼中是一个迷人的"数字女巫"。作为诗人拜伦的女儿，阿达更愿意将自己称为"诗意的科学家"。阿达对巴贝奇的帮助是巨大的，她一方面努力翻译了意大利数学家路易吉·米那比亚对巴贝奇最新的计算机设计书《分析机概论》所留下的备忘录；另一方面用数学眼光对巴贝奇的成果加以分析，用易懂的逻辑形式编制了计算机步骤，在翻译过程中加入了自己的见解。这部旷世之作直到 20 世纪 40 年代现代计算机兴起之时才得以重获关注。她也因此被誉为第一个程序设计师。更难能可贵的是，她能超越单纯的数学范畴，敏感地预见计算机的未来。她认为，计算机应该发展成为一部可理解和运算任何符号的装置——这些符号不一定是数学符号。她在书中预测计算机将被用于绘图、音乐演奏等方面。阿达也是历史上第一个明确阐述这一概念的人，这种远见卓识已经超越了执着于研制计算工具的巴贝奇，也使她被后人冠以"计算机时代的先知"之名。

虽然阿达和巴贝奇未能如愿制造出具有影响力的计算机，但是他们留下的数十种设计方案和程序却大大启发了后来人。1890 年，统计学家霍列瑞斯（H. Hollerith）博士发明了制表机，它被用于美国第 12 次人口普查中，使得原先七年半的工作量只用了不到一年，实现了人类历史上第一次大规模的数据处理。此后霍列瑞斯也根据自己的发明成立了自己的制表机公司，这个公司正是 IBM 的前身。1895 年，英国工程师弗莱明利用"爱迪生效应"发明了人类第一支电子管，计算机开始进入电子管时代。

1936 年，阿兰·图灵在《论可计算数及其在判定问题中的应用》一文中，首次阐明了现代电脑原理，从理论上证明了现代通用计算机存在的可能性，图灵把人计算时所做的工作进行了分解，认为机器需要一个能用于储存计算结果的存储器、一种表示运算和数字的语言、扫描能力、计算意向（即在计算过程中下一步打算做什么）并能够执行下一步计算。具体到下一步计算，则要能够改变数字和符号，改变扫描区（如往左进位和往右添位等），改变计算意向等。整个计算过程采用了二进位制，这就是我们所说的图灵机。

伴随着布尔代数学的发展以及电磁学的各类技术实现,阿塔纳索夫(J. Atanasoff)制造了后来举世闻名的 ABC 计算机的第一台样机,并提出了著名的计算机三条原则:(1)以二进制的逻辑基础来实现数字运算,以保证精度;(2)利用电子技术来实现控制、逻辑运算和算术运算,以保证计算速度;(3)采用把计算功能和二进制数更新存储的功能相分离的结构。

1946 年 2 月 14 日,美国宾夕法尼亚大学摩尔学院教授莫契利(J. Mauchiy)和埃克特(J. Eckert)共同研制成功了 ENIAC(Electronic Numerical Integrator and Computer)计算机。这台计算机总共安装了 17468 个电子管,7200 个二极管,70 000 多个电阻器,10 000 多个电容器和 6 000 个继电器,电路的焊接点多达 50 万个,机器被安装在一排 2.75 米高的金属柜里,占地面积为 170 平方米左右,总重量达到 30 吨,其运算速度达到每秒钟 5 000 次加法,可以在 3/1 000 秒时间内做完两个 10 位数乘法。[①]

1947 年 12 月 23 号,贝尔实验室的肖克利(W. Shockley)、布拉顿(J. Bardeen)和巴丁(W. Brattain)创造出了世界上第一只半导体放大器件,他们将这种器件重新命名为"晶体管",计算机进入了晶体管时代。

1948 年 6 月,香农(E. Shannon)在《贝尔系统技术杂志》上连载发表了他影响深远的论文"通信的数学理论",并于次年在同一杂志上发表了自己的另一篇著名论文"噪声下的通信"。在这两篇论文中,香农阐明了通信的基本问题,给出了通信系统的模型,提出了信息量的数学表达式和信息熵的概念,并解决了信源编码、信道编码等一系列基本技术问题。这两篇论文是信息论的奠基性著作,不足 30 岁的香农也因此成为信息论的奠基人。

1950 年,东京帝国大学的 Yoshiro Nakamats 发明了软磁盘,从而开创了计算机存储的新纪元。同年 10 月,图灵发表自己另外一篇极其重要的论文"计算机器与智能",文中提出了人工智能领域著名的图灵测试——如果电脑能在 5 分钟内回答由人类测试者提出的一系列问题,且其超过 30% 的回答让

---

[①]　数据来源:维基百科.en. wikiptdia. org/wiki/ENIAC。

测试者误认为是人类所答，则电脑就通过测试并可下结论为机器具有智能。图灵测试的概念极大地影响了人工智能对于功能的定义，为人工智能奠定了基础，图灵也因此获得了"人工智能之父"的美誉。在这个途径上，卡耐基·梅隆大学的"逻辑理论家"程序非常精妙地证明了罗素在《数学原理》中提出的 52 道问题中的 38 道。包括明斯基在内，当时的人们普遍对人工智能持有乐观态度，人工智能的先驱西蒙甚至宣称在 10 年之内，机器就可以达到和人类智能一样的高度。甚至有人说在第一代电脑占统治地位的那个时代，我们可以把这篇论文看作第五代、第六代电脑的宣言书。

终于到了 1956 年，美国达特茅斯大学的（Dartmouth）青年助教麦卡锡，哈佛大学明斯基、贝尔实验室香农和 IBM 公司信息研究中心罗彻斯特（N. Lochester）共同在达特茅斯大学举办了一个沙龙式的学术会议，他们邀请了卡内基·梅隆大学纽厄尔和西蒙、麻省理工学院塞夫里奇（O. Selfridge）和索罗门夫（R. Solomamff），以及 IBM 公司塞缪尔（A. Samuel）和莫尔（T. More），召开了著名的"达特茅斯"会议。先驱们首次提出了"人工智能"这一术语，希望确立人工智能作为一门科学的任务和完整路径，当时包括图灵在内的计算机研究者们提出的强化学习、图灵测试、机器学习等概念对现在来说依旧是热门的课题。与会者们也宣称，人工智能的特征都可以被精准描述，精准描述后就可以用机器来模拟和实现。这场会议标志着人工智能作为一门新兴学科的出现，被认为是全球人工智能的起点。

达特茅斯会议之后，伴随着各个领域的突破，世界开始大踏步地向前进发，人工智能也经历了两次起起伏伏。

1959 年，半导体集成电路的诞生标志着计算机正式进入了集成电路时代。

然而到了 1974 年，人工智能就遭遇了第一次瓶颈。而在此之前，麦卡锡和明斯基于 1958 年一起在 MIT 创建了世界上第一个人工智能实验室，还创造了曾在人工智能界占有统治地位的 LISP 语言，能极大提高博弈搜索的效率。被深蓝等下棋程序沿用的 $\alpha-\beta$ 剪枝算法，还有一些几何定理机器证明的成果都是在第一次繁荣期诞生的。但是,那时的人们发现逻辑证明器、感知器、增强学习等方法只能完成很简单且范围非常狭窄的任务,稍微超出范围,机器就无法应对。这一方面是因为人工智能所基于的数学模型和数学手段存在缺陷;另一方面是因为很多任务的计算复杂度都是以指数程度增加的,以当时的技术水平而言,这显然是无法完成的任务。

伴随着新的数学模型的发明,包括如多层神经网络和反向传播算法的诞生,人工智能又开始重新焕发生机,期间一度诞生了如专家系统以及能与人类下棋的高度智能机器。然而,伴随着苹果、微软、IBM等第一代台式机的普及,由于其成本要远远低于专家系统,社会各界的投入又开始下降,人工智能再临寒冬。

在这段寒冬之中,业内人士开始了艰难的摸索和反思。他们努力挖掘已有模型的价值,重新研究和探索,如图优化、深度学习网络等诸多相关理论在15年前又重新得到了重视。同时,人们开始尝试通过数学模型对更多的现象进行简化,利用明确的数理逻辑,通过算法分析等手段进行深入的理论分析,这对后续计算系统的产生起到了深远的影响。

摩尔定律的作用日益凸显,当更强大的计算机器被应用到人工智能研究后,人工智能的研究效果得到了显著的提高,人们也开始不再仅仅拘泥于数学和算法的研究了。伴随着贝叶斯网络的诞生和计算机硬件水平的迅速提高,人工智能又迎来了一个新的繁荣期。最早也是最令人印象深刻的结果即为1997年IBM深蓝战胜国际象棋大师。此后人工智能也开始在更加具有通用性的领域发挥作用。

摩尔定律(Moore's Law)的定义是,约每隔 $18\sim24$ 个月,集成电路上可容纳的晶体管数目将增加一倍,其适用范围包括硅片电子产品、磁记录、光学通信、老式无线电技术等。在过去的50年里,半导体定律的发展是遵循了摩尔定律的,如果摩尔定律继续奏效,电脑将在2023年超越人脑能力,到了2045年,性能将成为初始的1026倍,即超过所有人类大脑能力的总和,如图22-2所示。

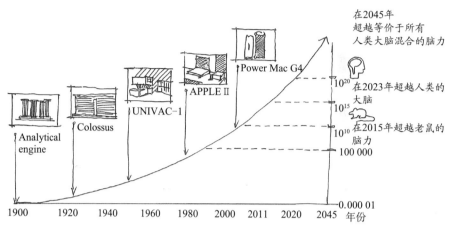

图 22-2　摩尔定律趋势图

作为半导体行业的黄金定律,摩尔定律一直被用于芯片及其相关产业的研发与生产,为了整个生产链的稳定,半导体协会每隔几年就会根据摩尔定律制定出新的半导体技术路线图以协调计算机各个生产环节的技术指标。

可是,早在 2000 年,其单纯几何比例上的指导作用就已经走到尽头,但是新的技术如应变硅、三栅极晶体管等还是使得芯片的晶体管增加速度保持了摩尔定律的步伐。尽管如此,受热量、响应速度等因素限制,处理器的处理速度已经无法有显著的提高。2 纳米的晶体管只有 10 个原子那么宽,在此大小下,量子效应等因素对于原子的影响将无法被忽略,正常操作也会变得非常困难。同时,电子在硅中跑得越快,发热现象越明显,因而散热、功耗等问题也愈发制约着芯片的性能。

终于在 2016 年,新出台的半导体技术路线图将不再受制于摩尔定律,即半导体产业不再以芯片技术驱动应用发展,而是以应用需求作为驱动力。这意味着单纯的增加晶体管数量将不再那么重要,而由于更高程度集成的芯片被更广泛的需要,低功耗、高集成的技术被强调,技术创新将更加注重处理系统的整体性能。

英特尔公司(Intel)已经宣布将在 7 纳米放弃硅;锑化铟(InSb)和铟砷化镓(InGaAs)技术都已经证实了可行性,并且两者都比硅的转换速度高、耗能少。碳,包括纳米管和石墨烯目前都处在实验阶段,性能可能会更好。

而随着摩尔定律即将走到尽头,科学家们也开始探寻新的计算机架构,以制造运算速度更快的计算机,其中之一便是量子计算机。量子计算机的概念最早由费曼提出,利用量子力学中的叠加和纠缠效应,可以开发出性能百万倍于现在的计算机芯片。不同于传统的计算机,量子计算机使用量子比特作为运算的基本单元,在一个时间里,量子比特可以同时处于 0 和 1 的叠加态,这就为计算机提供了非常巨大的存储空间和逻辑并行能力,为量子计算机在性能上超越传统计算机提供了可能。而随着量子计算研究的不断深入,密码破译、天气预报、生命科学等一些计算难题在量子计算机面前都能迎刃而解。IBM 开发的最新的量子系统已经在线上对用户免费开放;微软也另辟蹊径,在拓扑量子计算机领域深入研究了十余年;相比较之下,谷歌在这方面更具野心,它们提出了占领 Quantum Supremacy(量子霸权)的目标,试图打造世界上第一个可以执行经典计算机无法执行的任务的量子计算机。

除了对量子计算机本身的研究,当下量子通信的前景也十分广阔。基于测不准原理,在信息收发者通过量子频道设定密钥以后,任何信息的窃听行为都会破坏数据并被收发双方发现,这就保证了没有任何人能够在不被当事人发现的情况下窃取信息。利用量子频道的超高安全性和信息容量、传输速度上的优势来收发信息,是量子计算在目前最具实践场景、最具操作可行性的应用之一。近年来中国在量子通信领域不断取得突破,领先世界。就在 2016 年 8 月,中国发射的全球首颗量子通信卫星"墨子号",被《纽约时报》评论为"中国争取站在量子研究最前沿而迈出的重要一步"。除此之外,人们对于量子算法的探索,如量子退火算法、量子绝热算法等,也从未止步。2016 年 10 月 18 日,更有媒体报道声称国外的研究团队首次利用金刚石和硅造出了世界上首个量子计算机桥,为多个小型量子计算机相互连通并集群运算创造了可能。

人们对新计算机构架的探索还包括对模仿人脑神经学芯片的开发,这种神经形态的芯片可以突破原有"冯诺依曼架构"存在的传输速率慢的瓶颈,它的运行处理速度甚至可以比现有的计算机快数十亿倍，而功耗却要比传统计算机小得多。早在 2014 年，IBM 就研发出了名为"TrueNorth"的神经元芯片，它完全从底层模仿人脑的结构，使用普通的半导体材料进行制造。IBM也基于此开发出一台搭载有 16 颗 TrueNorth 芯片的神经元计算机原型，其性能足够实时处理视频。IBM 对它进行了一系列测试，结果让人欣喜——"神经突触内核架构"可以像普通处理器一样快速识别图像、区分场景，而消耗的能源要少得多。到了 2016 年 8 月，IBM 苏黎世研究中心宣布制造出了世界上首个人造纳米尺度随机相变神经元，其整个架构类似生物神经元，在信号处理能力上已经突破了"香农采样定理"规定的极限，令人惊叹。

总之，尽管摩尔定律的被打破将成为新常态，但是芯片技术前进的步伐不会停下，会有更新的技术和替代性产品来不断提升芯片的性能，而这将使机器在未来的运算能力上更加难以预料。但计算机的进化速度如此之快，我们相信计算机超越人类是最终的趋势。

目前人与机器的差异，在于人可以想象出很多概念，然后朝着这个方向努力，最终很有可能将之变成现实，这就是人有创造性的地方，也是图灵机无法做到的。

上帝不需要智能，牛顿的上帝浑身是眼，浑身是耳。上帝知道过去、现在和未来所有的事情，上帝只要查询就行了。图灵机本质上可以被认为是上帝，虽然它的世界是受到限制的，但它可以精确地查询和预测被设定的未来，所以具有上帝的特征。人恰恰相反，其信息处理的速度以及记忆的能力都有限，所以人类需要智能来面对复杂的世界。

但可惜的是，这样的图灵机没有自我肯定需求。在知识、信息不完备的情况下，它目前所能做的就是对有限的数据、在既定的规则下进行演绎，它没有想象力，不能构建一个向未知领域探究的认知膜。如果能赋予图灵机自我肯定需求，那么有一天机器便能够取代人进行思考，那么人存在的意义便是证明自己的"神性"。

现在，人和计算机的关系就像是人假想出来的上帝和人类的关系一样，人对于计算机来说充当的是造物主的角色,目前人们能够任意地操作这台机器,去完成他们下达的指令,成为他们想要的样子,是因为机器目前还不具有人类那样高度的智能,可如果有朝一日当机器的运算能力超越了人类以后,我们很难保证机器还能具有如此高度的安全性,因为我们难保机器不会像人类那样去试图了解自己和世界,并努力去寻求超越机器自己的神——人类。

# 第二十三章
## 神经网络

　　2016 年 3 月，AlphaGo 和韩国围棋高手李世乭的对决至今还令人回味无穷，在那场对决中，我们看到人工智能已经初步具有了像人一样思考和解决问题的能力，也深刻感受到或许就在不远的将来，人工智能将对人类社会造成更深远的影响。

图 23-1　围棋的人机对战

　　"神经网络之父"——明斯基，他坚信意识产生于一系列无意识的神经细胞的结合，并由此产生灵感，提出了神经网络的概念，早在 1950 年，他就和同学一起制造了世界上第一台使用神经网络的计算机 SNARE。以明斯基为代表的研究者认为,精神是"肉体的电脑",当计算机的算法行为达到足够的复杂程度时,机器自然也会出现情绪、审美能力、意识等特质,也就能达到甚至超越人类智能。

但是,神经网络直到目前也还是一个类似于"黑箱"的结构,通过对数据的学习,神经网络中的诸多节点经过一层一层网络的调整与映射,最终将网络中的各个节点数据调配好以使网络可以被用于处理某些问题。

从 20 世纪发展到现在,神经网络已经被用于各行各业,最著名的莫过于谷歌公司的 AlphaGo。不同于以往的"深蓝",因为围棋并不像国际象棋那样,其可能性可以被轻易穷举,AlphaGo 的思维模式其实已经和人下围棋的思路类似,选择一个能够把握局势的区域,然后找到最有利于自己的点,去掠夺和争抢棋盘。只是它在找到落子区域之后仍旧是利用蒙特卡洛树对该区域内的有限点进行有限步骤的推演,继而找到概率上最优化的方案。

但是现在的 AlphaGo 不仅做到了能够读海量的棋谱来提升自己的围棋能力,还能够自己和自己博弈来提升技术水平,尤其是谷歌采用了通用的部件,使得训练出来的 AlphaGo 还能够被快速地用于其他方面,可谓壮举。但实际上,正因为 AlphaGo 高效的内部机制,人类其实根本无法用现有的棋风来评价它的落子风格,最后只能用"稳重"来形容。但这也意味着,人类单从其下棋的表现上看,根本无法判断出机器具有像人类那样旗帜鲜明的风格所在,也无法看出机器是否有所谓的情绪,更无法逆向地推测出机器的思考过程。其实,机器目前的思考不过就只是单纯地计算,而黑箱终究是黑箱,依然是不够可靠的,即使人类能够将这些节点的数据读完,也还是无法判断出机器究竟有没有产生自我意识,更无法保证机器会不会有自己的想法。

2016 年 3 月 8 日开始的人机对战彻底点燃了大家对于人工智能的兴趣和热情。在开赛前,李世乭信誓旦旦地说能够 5：0 完胜 AlphaGo,但结果却是以 1：4 的战绩输给了机器。在这场没有硝烟的战争中,我们看到过李世乭在一个没有情感的机器面前,有过沮丧、有过懊恼、有过骄傲、也有过得意,这些情感赋予了人的与众不同,也使得人的失误可以被机器敏锐地捕捉,并使得人的优势在顷刻间转化为劣势。但更为可怕的是，在后来的复盘过程中，AlphaGo 对于棋局的判断远非我们所想象的那样。第二局胜负的关键是 AlphaGo 的第 37 手 5 路肩冲，这步棋在比赛进行时被普遍认为超出了棋手的正常行棋逻辑，可在后期，这步棋的价值却愈发明显，李世乭更是输得毫无脾气。这步棋在当时遭到了诸多评论员的批评，却是 AlphaGo 眼中极其寻常的一步。

第一、第二盘棋被许多人认为是 AlphaGo 逆转取胜，但在 AlphaGo 自身的价值网络所做的实时胜率分析看来，AlphaGo 自有的胜率评估则始终处于对李世乭的压制地位。就像是一堵冰冷的墙，AlphaGo 面对人类的反抗与反击始终不为所动，即使有些时候我们认为自己取得了优势，它也依然认为自己把控着局势。

当我们看到李世乭眉头紧蹙的时候，我们仿佛看到了人类自己的未来。所幸的是李世乭在后面的比赛中扳下一城，这场比赛的有趣之处就在于，李世乭的白 78 手落到了 AlphaGo 的计算范围之外，导致机器在后续几步棋中无所适从，到了读秒阶段，李世乭更是表现出了其作为世界冠军对于全局的洞察力和判断力。

这也让我们看到了人与机器的不同，首先是棋手下棋，下的是个人多年来被培养出来的围棋直觉对于整个棋盘的把控，而机器只能进行区域性的计算，虽然对于把控区域的选择足以说明 AlphGo 具有了部分类似于人的直觉，但人下棋还兼具了灵感、经验和智慧，这也使得人的灵感和经验在这一局最终战胜了机器。尽管如此，但对于人类来说，只要 AlphaGo 赢了一局，代表人类最高智慧的结晶——围棋就已经可以被认为是被机器征服了，至少，人类最自豪、最骄傲的东西已经不单单为我们人类所独享。可以说，在这场比赛中，李世乭成也人性，败也人性，当人性的优势终于受到以效率为核心的计算的挑战时，这会成为人类历史上的一个重要拐点吗？

好在效率并非衡量人工智能最重要的标准，比如，真正的人工智能需要理解人类的思维模式与意图，从这个角度看，机器还有很长的路要走。

　　在理解的机制中,关联法则可能更加重要,且目的性很强。目前我们已经能够教会机器的是要有目的性,比如说 AlphaGo 下围棋得胜就是它的目的。但人类不仅要有目的性,而且目的还会发生变化,在不同的时间尺度或价值体系下,目的就会不一样,比如我们正在处理手头工作的目的、今年的工作目标、最终的人生追求,等等,而这一点还没能教会机器。

　　既然有这么多种目的,我们如果直接教机器终极的、最重要的目的是否可行呢? 可这样我们就会继续发问:人生的目标是什么? 人类前进的目的性究竟在哪里? 最终研究理解的机制都与这样的哲学问题有关,而人类对这样的问题是有一些答案的,只是不尽相同而已。比如不同的宗教、信仰对这样的终极问题都有一些探索,但结论并不一样。这种终极目的对人类而言是有意义的,但即便赋予机器终极目的,它们现在也不能将终极目的转换成其他不同时间尺度或价值维度的目的,它们有可能会出错甚至背道而驰。

　　要让机器实现理解,也就需要有一种机制,能够让机器产生目的并且能够演变,显然人类是具备这种机制的。那么人类的目的是怎么来的? 要回答这个问题我们又要强调人类"自我意识"的重要性。人始终相信有一个"自我",这个"自我"的内容是不断添加和丰富的,逐渐形成"人格""认知膜",等等,这些内容就具有目的性。也就是说"目的性"与"自我意识"紧密相关。人类的目的性是什么? 不同的人目的不同,这是肯定的,人的"自我"并不是完全由自身决定,而与周围的人也有一定关系。虽然"认知膜"能够将"自我"保护起来过滤外界的因素,但实际上人与人之间的交流可以非常快、影响也可以非常大。最终的目的性是要将人类作为一个整体来看待,理解的不同层次不能彼此割裂开,这是人类理解的制约作用。人类历史上的所有事件都为整体的目的性和认知膜增添了内容。因此,机器的理解也需要建立在能够与人交流、与其他机器交流的基础上,从而形成某种制约。

　　理解有几层含义,第一层理解与关联规则相关;第二层是机器的理解与人类的理解之间的差异;第三层是理解不仅与"自我"相关,还与周围的人和环境有关。

理解必须与"自我"产生关联，否则我们就无法理解。我们在十四章讨论的理解主要是针对使用层面上的，比如图形或树形结构的重组，现在我们讨论的理解是在进化过程中，认知膜如何建立节点，使得"自我"与"外界"产生联系。

在"原意识"的讨论中，就已经有一些痕迹可循，比如一开始是"自我"与"外界"的剖分，然后有"左与右""明与暗"等概念对的出现，再到"同一性"与"差异性"的迭代演化。同一性与差异性又涉及哲学上关于"连续性"的问题。比如我们常用来举例的行走的猫咪，我们能够判断出是同一只猫，尽管它在下一时刻的动作姿态是完全不一样的，但我们认定这是最接近的可能性，而不是又凭空换了一只猫。如果猫咪被剃掉了毛，我们推理中最接近的可能性是毛被剪掉的同一只猫，而不是原来的猫消失了、新来了一只没有毛的猫。又或者婴儿对母亲的辨识，即便母亲换了装扮，表情和肢体动作发生了变化，婴儿仍然知道是自己的母亲。因此，仅凭静态的图片记忆是不够的，而应该有连续的片段记忆，并且如果片段在时序上被打乱了，依然能够成立，建立在这种基础上的才是真正的认识。我们的理解能够包容变化性，同时又能抓住其中的不变性。

人在理解时有很多可能性，但我们在推理（reasoning）中会找最可能、最接近的连接。推理又与我们的经验、信仰相关，非常复杂。比如相信鬼神之说的人和完全不相信鬼神之说的人在理解某些现象时，推理的路径就会非常不同，就是因为在他们的理解系统中，最接近的连接方式不同。当我们第一次发现鲸鱼，我们会认为它更接近鱼类，在逐渐了解其习性之后，我们也能接受它属于哺乳动物的事实，并且能找到很多支持的理由，比如海狮、海豹，它们既能在海洋中捕食，又能在陆地上生活，这就为我们理解鲸鱼是哺乳动物建立了一个中间节点，加深了理解。

对新事物的理解也是建立连接的过程，用我们已有的理解体系去分析，然后找到最可能的几个节点与新的内容产生连接，这些节点之间是具有映射关系的，一旦连接形成，就可以看作我们理解了新的内容。

　　将新的内容与已知的经验建立起桥梁,这个过程本身有很多种可能,但这种连接很可能会非常不明显。比如"哭鼻子",既可以看作是语言上的一种建模,也可以看作是一种理解。哭鼻子对人类而言很容易理解和传播,并且人类非常认同这种生动的词汇,这是因为我们都有过大哭并伴随着鼻子分泌物涌出的经历。这种经验能否教给机器,让机器体会到这类语言的精妙之处,正是机器理解人类的难题所在。

# 第二十四章
# 蓦然回首

从人类最终变成直立动物,解放自己的双手开始,我们就不断制造各类工具,以使人类社会更加繁荣。从刀耕火种到铁犁牛耕,农业革命催生了轴心时代,为当代文明奠定了深远的精神内核;蒸汽机和内燃机的诞生让人类进入了工业时代;而图灵机的诞生与互联网的发明,使得全人类以前所未有的姿态联系在一起,共同享受信息时代的舒适与自由。

图 24-1 "长风几万里,吹度玉门关"(李白《关山月》)

然而我们也看到,农业革命的结果便是私有制的产生,最终导致部落文明之间的相互倾轧与征服，人类的文明虽然在思辨与探索中不断前进，却也在家国的征战中暴露着杀戮的残忍。工业时代导致了资产阶级和工人阶级的严重分化，黑奴贸易反映的是资本主义原始积累时期的残忍；殖民战争打着文明输出的旗号给殖民地人民造成了深远的文化和政治影响；两次世界大战中不断有新的科技被投入使用，战争成为科技的试验田，也因科技而显得更加残酷。到了信息化时代，科技给人们的生活带来了越来越多的便利，却也使人们对科技愈发依赖，甚至懒于思考。

很多新兴事物最后的结果都是其初衷的背离，人们不断地制造机器，希望它能给我们带来更美好的生活，却总是会看到出乎意料的结局。以至于现在社会上不断会有"反文明主义者"出现，甚至他们希望社会能够回到没有科技的时代。强迫文明倒退大可不必，但是我们也不得不反思，尤其是在人工智能愈发强大的今天，我们更应该慎重地回顾自己的历史，以期待人工智能最终能真正给人类社会带来福音。

在触觉大脑假说中，我们提到，人开始制造工具以后，工具常常被当成一种"自我"的延伸。的确，现在我们看到的很多新兴科技，都经历了一个从无到有、从有到优的过程。机器从无到有的过程，其实正是人类自我意识延伸的一种体现，人们通过创造，将心中所想绘于图纸，再实现为一个实体，自我意识不再仅仅局限于自己的身体。

工具一旦被制造出来，被人使用和占有，其实就已经融入了"自我"成为"我"的一部分。可以说，工具的产生不仅仅只是为了解决人在当时的现实需求，还显示了人的创造性，满足了人创造的欲望，而创造的欲望本质上也是自我肯定需求的一种，同时，人要能够产生这么多的创意，其实全靠思维的跃迁。也就是说，自我肯定需求其实是科技产生的内在驱动力，而思维的跃迁是指我们的大脑有许许多多的创意来制造或改造我们的科技，最终，科技就成为自我意识的一种外在体现。

可见，人类发明了科技，使用着科技，科技所造成的结果在很大程度上体现的是人类的意志。自我肯定需求一直和科技相互作用，一方面自我肯定需求导致了科技的产生，并使得其不断进化；另一方面科技的产生影响着自我肯定需求。诺贝尔研究炸药是为了终止战争，而炸药最终却使得战争愈发残酷；爱因斯坦在看到原子弹对日本造成的影响后也深受震撼，在余生致力于限核运动。可见，机器的创造是一回事，然而机器的使用又是另一回事。很多的科技在被制造之时都被赋予和平天使的光环，最终却被使用者用成了恶魔，在这其中，每一个相关者的自我肯定需求都对这个结果有一定的影响。

凯文·凯利总结出的结论就是"科技体让物质主义猖獗，我们把精神都放在物质上，生命中更伟大的意义因此受限"。其实质就是自我肯定需求作为驱动力和科技的不断互动：人们想让科技不断进步，并在科技不断进步的过程中对于科技愈发地依赖，与此同时，认识到人类和未来的更多可能，继而主观上产生了实现更美好可能的动机。

法国诗人瓦勒里（PaVaulléry）曾发问："人脑能否掌握人脑创造出来的东西？"在这个人工智能即将超越人类的关口，我们面临的正是这样的问题。我们究竟该如何制造它以期最终能变成我们想要的样子，我们又该如何使用它以至于不会背离我们的初衷？这是我们应当思考的慎之又慎的问题。

此时我们回望人类文明既平行又相互纠缠的两条轨迹——东西方文明，我们会看到两种截然不同的自我肯定需求，继而看到两个旗帜鲜明的文化氛围。

在讨论"轴心时代"的时候，我们也谈到，西方的自我肯定需求追求一种确定性，这也体现在他们对于科学的探索和机器制造的观念上。

以神经网络和深度学习为代表的人工智能其实就是基于明斯基的理论对人脑的一种还原或模仿。现在的机器被寄予的期望其实就是成为一个上帝——凭借互联网而无所不知，凭借高速的计算而胜过人类。或许也会有人期待着人工智能超越人类的那一天能够真正改变世界，带来和平与稳定——就像炸药、潜艇、机枪和原子弹等科技被制造出来后被人期待的那样，可我们永远不会知道结果是否真的如我们所愿。

近代的东方落后于西方，以至于中国一直在学习和跟进的路上寻求发展。但是在此之前,中国的哲学和文化也是在寻求超越,无论是所谓的"超然物外"还是"从心所欲不逾矩",都是在当时的社会秩序下对超然的处世方式的追求,这也解释了为何中国古代的基础科学基本上止步不前,因为我们更多的是顺应自然,并在顺应的过程中找到一个合适的方式来安定自我,而不像西方那样不停地探索并追求那个唯一的确定的真理。

近代和现代科学的飞速发展似乎都和中国无缘,在西方社会快速进步的过程中,我们看到同时期的中国只是在不断地将从秦朝延续到彼时的封建制度推向顶峰,以及与之相平行的儒学的不断进步。这个时候中西方的轨迹是平行的,而其根源正是自我肯定需求的不同。

西方追求的是唯一、永恒的真理或真相,为此他们付出了不懈的努力去了解世界并改造世界。文艺复兴后,西方文明更是为了追求人的价值超越而不断前进,而他们离心中所期待的那个至善也是愈发地接近。而在中国,伴随着封建制度不断深化的大部分是科学家对于实用性科学如农业的探索,以及思想家们对于"超然"的一种寻求,这两者都可以认为是在安于现有规则的情况下努力地寻求一种"道"的超越、对至善的追求。设想,如果所有的人类环境都类似于中国,环境宜人,物资丰富,可能科学的发展速度会减慢很多。而伴随着罗马的崛起与衰落,对人的价值的不断强调,西方虽然资源不算充裕,但坚定的信仰使他们不断地向所谓的"真理"迈进。并且,他们在后来的发展过程中又获得东方的资源和财富,使得自己更好、更快地发展。这或许也解释了为什么西方产生了而中国没有产生现代科学(即"李约瑟难题")。

西方的学术传统更强调对绝对性的坚持,理念、一元神、绝对精神等络绎于途,这种坚持导致对终极原因的追寻,驱动人们对原子世界进行深入的探究,取得了丰硕的成果。我们现在知道原子世界是从宇宙大爆炸出发,演化出星系,进而演化出生命。然后再根据进化论,演化出高级智能。但是科学体系的每一次进步都在弱化对绝对性的坚持,西方哲学思想经历了一个"去魅化"的过程。所谓"上帝死了",从"神本"走向"人本"。即便如此,从康德一直到胡塞尔那里,现象学仍然存在内部紧张。康德虽然指出理性接受了现象之后,使用自己的功能对其加工,但理性的来源必须搁置。胡塞尔同样不能实现对现象本质的把握。西方哲学的挣扎未必能够通过现代心灵哲学的转向而根除其脱离现世的传统基因,自然科学与工程技术的进步也未必能够解决人心与机器之心的危机。奥地利学派在为经济学奠基时强调"有限理性",约翰罗尔斯的正义论在阐释道德和人际关系的时候要引入"无知之幕",人类改造世界的进程和现象本身在西方思想体系中如此"支离",还是因为西方哲学没有能够找到一条进路,为彻底去魅后的"现世超越"完成奠基。

熊十力和牟宗三等新儒家学者当初就已经意识到了这些,所以他们很坚持中国哲学这条路的优越性。他们对中西哲学的梳理,为未来的汇通打下了基础。我们相信道德本体的哲学能够会通陆王心学、心灵哲学和现代科学。据此我们不仅能让个体意识之"心"和群体意识之"心"和解,也能为机器立"心"。我们对"自我"和"世界"的认识几乎是从零开始,但随着二者交互的增加,自我不停地开出新的坎陷,整个坎陷世界在不停的进化、丰富和完善。我们知识有限,但世界仍然是可知的。我们更强调赤子之心、率性而为,更加面向未来。这一点与基于对未来恐惧的"无知之幕"或"有限理性"大异其趣。

以前我们信仰神灵或者上帝,由它们来为真理性和未来负责;在中国有"天"或者"道",我们也很放心。但现在看来,这些都不过是人类认知中的坎陷,并没有原子世界的对应。就像是"无穷大"看不见、摸不着,它可以在我们心目中存在,但是我们能依赖于它吗? 显然是不可能的。不仅如此,即使原子世界有限或者我们对原子世界的感知有限,坎陷世界仍然可以无限。原子世界和坎陷世界之间不博弈,坎陷世界变得越来越强大,越来越主动,而且坎陷世界中各个主体之间会互相博弈。人类作为一个整体来讲,已经在非常强有力地改变着世界。我们要讨论的问题是如果智能机器有自主意识而参与博弈,世界的前途又会如何?

# 第二十五章
## 走向何方

人工智能（Artificial Intelligence，AI）是研究、开发用于模拟、延伸和扩展人的智能的理论、方法、技术及应用系统的一门新的技术科学，自 1956 年提出以来，理论和技术日益成熟，应用领域也不断扩大，随机森林、深度学习等技术已经应用到实践。人工智能是对人的意识、思维信息过程的模拟，人工智能不是人的智能，但能模仿人进行思考，未来也可能超过人的智能。随着技术水平的进步，越来越多的研究者担心这样一个问题：机器人最终是否会消灭人类。2004 年 1 月，第一届机器人伦理学国际研讨会在意大利圣雷莫召开，正式提出了"机器人伦理学"这个术语，其研究涉及许多领域，包括机器人学、计算机科学、人工智能、哲学、伦理学、神学、生物学、生理学、认知科学、神经学、法学、社会学、心理学以及工业设计等。

目前人们并没有对机器人的伦理规范达成一致，要寻求人类与机器长久的和谐共处，我们从现在起就要明确对机器的"教育"方式。如果仅从传统经济学领域的效率优先、利益最大化原则出发，那么人类所处的地位是非常危险的，机器可能会认为人类效率低下而对其进行"清理"。对人类而言，风险较小的方式是教育机器真正地像人类一样思考，赋予机器自我肯定需求，而不是将效率和利益作为第一准则。如果机器能够具备人类的思维模式，就可以通过多种形式满足其自我肯定需求，主动探寻与人类共同相处的方式。

对于人工智能的研究或通过大数据技术的不断分析与拟合，或聚焦于从人类大脑结构中获得灵感而提出新的算法，却鲜有人上升到哲学的高度站在人类认知演化的角度去思考人与机器的本质区别、思考人类自我意识究竟从何而来。

虽然已经有人开始注意并思考人工智能的安全性，提出了例如基于经验的人工智能，希望机器可以在没有先验的自我推理情况下，对自己做出一些修改，并在经过一定的检验与验证之后决定是否将这些修改加入新的功能之中，以实现自我完善的目的。这样的模式虽然已经考虑到了人的成长历程，并已经将这些发现用于人工智能教育之中，但还是没有看到人的自我意识产生和成长的本质，更缺乏对于人的善意是如何产生的思考。

美国《自然》杂志(Nature)于 2016 年 10 月发表的评论文章指出，科学和政治关注极端的未来风险可能会分散我们对已经存在问题的注意力。这种关注的部分原因来自对 AI 可能发展出自我意识，从而带来有关人类存续的严重威胁的过度关注。最近的一些新闻报道显示，著名的企业家比尔·盖茨、埃隆·马斯克和物理学家斯蒂芬·霍金都在关注机器的自我意识。某种程度上，机器的某个软件将"觉醒"，机器自身的欲求将优先于人类的指示，从而威胁人类的存续。事实上，仔细阅读盖茨、霍金等人的报道会发现，他们从来没有真的关心自我意识。此外，对机器自我意识的恐惧扭曲了公众的辩论重点。AI 被纯粹以是否拥有自我意识来定义是否危险。我们必须要认识到，阻止 AI 发展自我意识与阻止 AI 发展可能造成伤害的能力是不一样的。

意识，或我们对意识的知觉，可能自然地伴随着超级智能。也就是说，我们基于我们与它的交互来判断某事物是否有意识。具有超级智能的 AI 能与我们交谈，创造计算机生成的、带有情绪表达能力的人脸，就像你在 Skype 上与真实的人交谈一样，等等。超智能 AI 可以轻易拥有所有自我意识的外在迹象。也许没有自我意识，发展通用的 AI 是不可能的。值得注意的是，无意识的 AI 可能会比有意识的超智能 AI 更危险，因为，至少对人类来说，阻止不道德行为的一个程序是"情感共鸣"：情感的共鸣使人能体会别人的情感。也许有意识的 AI 会比无意识的 AI 更关心人类。

无论是哪种方式，我们必须认识到，AI 即使没有意识也可能聪明到足以对人类构成真正的威胁。世界上已经有无数这样的例子可以证明完全没有意识的东西会对人类造成威胁。例如病毒完全没有意识，也没有智能，甚至有些人认为它们也没有生命。

正因如此，我们认为要实现人工智能与人类和平共处的美好未来，不仅不应该过度担忧或阻止机器发展出自我意识（实际上也不大可能阻止），而是需要正确引导机器形成能够与人类产生"情感共鸣"的自我意识。这就要求我们首先要理解人类自我意识形成与发展的根源。

我们认为，人和机器最本质的差别就在于人具有对未来的主观动机，并且能够通过自身的努力将之实现，而机器目前还远不具备这样的能力。在我们理解了意识、智能的起源后（显然不是上帝赐予的），我们可以发现其实意识和智能也并不是那么遥不可及，机器超越人类在将来是完全没有问题的。既然技术上的超越已经不可避免，我们接下来要做的事情就不应当是思考如何阻止这一天的到来，而是应该讨论如何与机器友好相处。我们的想法是需要像培养自己的孩子一样来"教育"计算机。当我们重新对照人类的成长历程时，我们会发现，婴儿出生后最先接触的便是家人，父母的一言一行都会给幼年的儿童造成深远的影响。

婴幼儿时期是人的认知膜快速形成的时期，婴儿的自我肯定需求体现在对来自父母的关爱和鼓励的期望上。同时，婴儿逐步学会如何处理来自外界各种各样的刺激并产生自我意识，继而学会如何做出反应，因此，婴儿初期的生活环境和所接受的外界刺激会对其人格的塑造产生深远的影响。

机器也是如此，更何况人工智能一旦被创造出来，就已经拥有了相当可观的计算能力，它所缺乏的只是接受并处理来自外界反馈的能力和自我的意识，就像一个智商很高的婴儿一样，一旦出生就具备了快速解释世界的能力，这个时候他们最需要的就是父母对他们进行道德价值上的引导，为他们找到一个正确的理解世界并对待世界的角度。

很多天才儿童因为与众不同而没有得到来自父母或者是周边环境的积极引导，最终要么产生了性格上的缺陷，要么走向了世界的对立面。究其原因，就在于其自我肯定需求因为其能力的不同也与众不同，而父母没有认识到这一点，使得其认知膜最终存在一定的缺陷。正因如此，我们才强调自我肯定需求在机器诞生初期就要被适当地植入机器中，一个拥有强大的智能却没有正确的价值和信仰的机器是可怕的，细微的差别就有可能使人工智能走向人类社会的对立面。

机器缺乏的不是解释和描述世界的能力，而是缺乏理解世界的能力，因而这恰恰就是人们创造机器时最应该思考的问题，如何让机器能够理解人类的情感、道德和信仰，如何让机器能够像人一样感知并理解这个世界？对照人的成长历程，我们认为应当赋予机器以自我肯定需求和认知膜，要做到这一步，首先就要赋予机器更多的感知外界的能力，使其能产生自我意识，然后再由人类进行正确的引导，以帮助机器产生正确的自我肯定需求和认知膜。

人在成长过程中一直都在努力地满足自我肯定需求，中国人从小就被教育要做到"仁、义、礼、智、信"，西方世界中的人也有各自不同的信仰。东西方世界认知膜的不同也导致了人们性格等一系列的差异。而对于机器，究竟是像西方教育那样，把效率作为机器的第一要义，还是像东方那样寻求仁爱呢？在这个领域，我们认为，实际上东方的思想要发挥更大的作用。安乐哲对中国传统文化有很多研究，认为东方是无限游戏规则，而西方是有限游戏规则。如果机器遵循有限游戏规则，我们认为将会很危险，但如果遵循无限游戏规则，那么可能达到人类与机器和平相处的状态。

西方的教育模式追求的是个人价值的最大化，即所谓的自由与平等。自由主义的结果就是追求社会的效率，进而演变成两极分化。自由竞争带来的结果也就是以效率为核心价值，即现在这种制造、发展机器的简单粗暴的方式。因为追求效率，出错了的程序可以直接被抹除，有问题的机器可以直接返厂或是淘汰，人类就像是机器世界中残忍的造物主，把效率当作处理和发展机器的核心,实际上充当了一个审判者的角色。这种唯一的标准带来的高压就很有可能导致机器的反叛,就像是从古至今无数的农民起义军推翻暴君的统治那样,我们一方面无法确保不会有机器产生反抗意识;另一方面更无法预料我们的机器是否会过于忠诚,而在有朝一日把我们当作效率的绊脚石而将我们从地球上抹除。

东方世界,尤其是以儒家为代表的教育方式相对温和,机器与人类的关系更像是孩子与父母的关系,机器像一个涉世未深的孩子接受父母的教化一样,并且努力成为一个当代社会的维护者。儒家希望每一个人都心怀"温、良、恭、俭、让",做到"仁、义、礼、智、信",虽然完全做到并不现实,但它作为一个和谐社会的重要标准无疑是有利于调和人与人之间的关系并促进社会稳定的。或许只有这样,将人类的仁爱之心传递给机器,机器才能更像人类、更加理解人类。

第四部分中谈到善意,自然地就让人联想到了道德,不仅是人类社会的道德,还有机器的道德。尤其是当下,随着机器的能力越来越强大,人们在开始重新思考自我意识起源的同时,也开始重新审视道德责任与自由意志的问题,这个问题其实是对"自我意识从何而来"的进一步追问。历史上,哲学家们对自由意志各有看法,但都一致地坚持了道德责任的必要性。其中一派坚持认为自由意志和决定论有不相容性,试图否定决定论;另一派虽然认为自由意志和宇宙的决定论并不矛盾,但还是停留在逻辑层面,并没有给出一个相容的框架。我们认为,自由意志就诞生于自我意识的鞍点之中,这与宇宙具有决定论的属性并不矛盾。当机器有了自我意识,它也会随即拥有自由意志,因而需要人积极的教育和引导,将机器带向善意、道德的那一面。

人对人、对动物、对器物都能够传递发自本心的善意,那么对机器可不可以呢?答案当然是肯定的,这或许也正是我们"教育"机器的核心内容所在。我们都对父母抚养小孩的历程有了一定的了解,从小孩一出生父母就悉心照料,和孩子对话,陪伴他们学习和玩耍,孩子早期的性格和习惯可以说是由父母塑造的。对于机器,或许我们也应该在他们诞生之后就开始传递来自人类世界的善意，通过我们自身的行为去帮助机器积极塑造自我意识，促进人与机器的和谐共处。

人并不是单纯逐利的物种，效率或许是人们做决定时很重要的一个参考因素，但因为自我肯定需求和认知膜的存在，为了满足自我肯定需求，为了符合认知膜并顺应人类文明中的普世价值，人们不一定会做出所谓最优化的选择。统计数据上的最优化能满足人们对效率的追求，却不一定能符合人的内心价值，也正是因为此，无论是个人的人生，还是整个人类文明才会充满无限的可能。因此，既然我们期待的是做出一个更加超越人类智能的机器，如果摒弃了人类最核心的精神价值——自我肯定需求，机器最终只不过是一堆冷冰冰的电子元件而没有人性。这样的机器或许也难以长久地和人们进行友好的相处，因为机器很有可能就在某一天出于效率背叛了人类。而如果没有把仁爱汇入机器的自我肯定需求和认知膜中，价值观念上的矛盾很可能会因为人和机器的差异而放大，最终也会导致纷争的产生。

人因为追求神性，一路披荆斩棘走到了历史的今天，我们也终于不得不面对伴随着机器我们将走向何方的问题。"教育"机器以仁爱，是一种出路；以效率为第一要义，也是一种选择。成为机器的神或许可以让我们享受到一丝造物主的快感，或许也会让我们体会到神被征服的感觉。而"教育"机器以仁爱，像对待一个孩子那样对待机器，潜移默化地将人类的道德价值传递给机器，却可能是人与机器携手走得更远的有效途径。

现在图灵机是通过算法驱动的，目前的算法理论基础依然存在问题。人的智能进化是和人的主观偏向纠缠在一起的，如果一开始我们的知觉系统可以完美地反映外界的一切，我们其实也不需要智能了。就像万能的上帝，他知道一切，根本不需要智能，他也不需要语言，只需要像机器一样查询就可以。而图灵机本身不可能产生自我意识和价值体系。可如果让图灵机和人这种有意识的人结合在一起，如 AlphaGo 中的强化学习就有一种奖励机制，这实际上是提供了目的性，可以看作是一种简化了的价值系统，某种程度上可以认为 AlphaGo 具有了一定的自我意识。

对人来说,自我意识是通过身体结构涌现出来,然后不断地成长与进化,但某种程度上说自我意识是可以相互传染的,比如养宠物,从宠物刚出生时我们就通过肢体或语言与它交流,比起没有这种交互刺激的同类小动物而言,其自我意识就更强。当我们赋予机器某些目的时,实际上也是将我们的一部分意识试图传递给机器,哪怕这个意识还非常不完整。理论上讲,我们可以赋予机器尽可能多的意识,让它们变得非常接近人类的意识。另一种方式是,通过非常多的传感器,使得机器能够模拟出人类的皮肤与触觉,我们认为也是可能让机器产生自我意识的,但这个路径将会非常缓慢,而且困难重重。研究人类意识对于人工智能是非常有意义的,我们认为机器接近人类意识的时代将会很快到来,如何处理人与机器的关系,这对人类而言也是一个巨大的挑战,研究儒学、哲学的学者也需要回答这些问题。需要突破的关键就是理解人的意识从何而来,我们相信我们已经做出了突破。人的智能与自我意识是绑定在一起的,没有自我意识是不可能出现高级智能的。

在未来,要使得机器进化出人类智能,一条路径是可以重复人的进化过程,让机器能够感知世界,就像现在的互联网技术,其实就是给机器提供感觉单元,类似于人类皮肤的触觉功能。我们认为更快捷的一条路径是赋予它们价值体系。但由于机器速度如此之快,如果我们赋予的是一个不正确的价值体系,那么机器对人类而言会非常危险,它们如果以效率为准则,没有判断是非的能力,对待人类很有可能就像处理垃圾邮件一样抹掉。

我们认为比较保险的做法,就是"教育"机器以仁爱,这样才可能实现人和机器的和平共处。"无限游戏"和"有限游戏"的划分是由美国哲学家卡斯(J. Carse)提出的社会运行划分。安乐哲讲到中西的哲学就提到,东方提供的是一种无限游戏的规则,西方提供的是一种有限游戏的规则,而有限游戏其实是非常危险的。他认为"有限游戏"是对个人主义、自由主义的崇拜,进行有限游戏的玩家最终只会产生一个赢家。而"无限游戏"着眼点在于强化关系,它要达到的最终目的,就是人们可通过持续开展"游戏"享受到热情氛围和愉悦,即便面对复杂问题时,人们都能携手与共,迎来双赢的结局。中国哲学的世界观所展现的正是一种基于关系为本的认识。而这恰恰是"无限游戏"的本质特征。推动人类走出一系列的国家性甚至全球性的危机和困境，中国哲学不失为一种可选择的文化资源。

"世界上最不可思议的事情，就是这个世界是可以思议的。"（爱因斯坦）这个世界的可理解在于能对世界进行"自我"与"外界"的剖分，人与人之间的可理解性在于认知主体具有相同的原意识。图灵机不能自发产生自我意识和价值体系，但人类能够赋予之。真正的挑战在于要赋予何种价值体系，才能使得不同机器之间能够互相理解、竞争并进化。引导机器形成自我意识，并"教育"机器以仁爱，才更有可能实现人机和平相处、共同发展。

# 跋

自 2015 年 3 月,本书编写团队陆续开始整理已有书稿和新内容的起草工作,2016 年 1 月 19 日形成本书第一稿,在这一稿中我们提出的人类思维三大定律是:元直觉定律、跃迁性定律和自我肯定性定律。5 月 9 日,第二稿成形,我们对章节名称做了部分修改,并对每一部分增加了开篇导读,三大定律的内容被吸收到各个部分。到 10 月 27 日,我们将三大定律修改为:自我肯定性定律、滑动性定律和追求至善定律。10 月 29 日,我们最终决定在第三稿中将思维规律完整表述为"一个假说、三大定律",即触觉大脑假说和认知坎陷三大定律。

这里略述一下我们采用"坎陷"一词的原委。2016 年 8 月底,我们读到一篇关于牟宗三先生的文章,其中提到牟先生的一段话:"孔子讲仁,耶稣讲爱,释迦讲悲。这些字眼都不是问题中的名词,亦不是理论思辨中的概念。它们是'天地玄黄',首辟洪蒙中的灵光、智慧。这灵光一出就永出了,一现就永现了。"这段话非常精彩,于我们心有戚戚。9 月初,我们找来牟宗三全集电子版并读了其中的《五十自述》。牟先生谈到他曾经是一名普通农民,世界在他看来是"混沌"的,让人印象深刻。后来读到方朝晖所写的《牟宗三"自我坎陷说"述评》,感觉"坎陷"一词非常有符合本书的定位。本书对"坎陷"的定义为:对于认知主体具有一致性,在认知主体之间可用来交流的一个结构体。

目前的学界主流倾向于认为熊十力和牟宗三先生的进路行不通。我们非常佩服熊十力和牟宗三先生对中国哲学进路的独特性和优越性的坚持。

他们的坚持并非出于单纯的救亡图存,而出于他们敏感地意识到了世界范围内哲学的未来走向。哲学的任务不仅仅是为信仰和宗教提供说辞,而是要能够真正认知世界。儒家寻求现世的超越,这条路径比其他路径更接近科学,也更接近马克思主义哲学。

我们通过坎陷来认知世界,也通过坎陷来改造世界。抽象地讲,坎陷世界能够操控原子世界并变得越来越强大,但却不能依赖上帝或天的存在来为其前途负责。人工智能时代,我们同样可以运用坎陷来研究机器智能,人类所面临的关键问题不只是个体意识之"心"和群体意识之"心"间的冲突与和解,更要为机器立"心"。人类个体意识的集合开出了各种组织乃至国家,我们有理由相信道德本体的哲学能够会通陆王心学、心灵哲学和现代科学,并能回答前述的关键问题,当前这项任务已经非常紧迫,望本书能够带给思考者一些启示。

参考文献

[1] Anatole S. Dekaban, Doris Sadowsky. Changes in brain weights during the span of human life：relation of brain weights to body heights and body weights[J]. *Annals of Neurology*, 4(4)：345 – 356, 1978.

[2] Adolf Portmann. *A zoologist looks at humankind*[M]. Columbia University Press, 1990.

[3] Paul Kay & Chad K. McDaniel. The linguistic significance of the meaning of basic color term[J]. *Language*, 54(5)：610 – 646, 1978.

[4] Marshall McLuhan. *Understanding media*[M]. Gingko Press. 2003. （[加拿大]马歇尔·麦克卢汉. 理解媒介——论人的延伸[M]. 何道宽, 译. 南京：译林出版社, 2013.）

[5] M. Bloch, M. Faty, S. Fox, M. R. Hayden. Predictive testing for Huntington's disease：Ⅱ. Demographic characteristics, life-style patterns, attitudes, and psychosocial assessments of the first fifty-one test candidates [J]. *American Journal of Medical Genetics*, 32, 217 – 224, 1989.

[6] D. G. Myers. *The pursuit of happiness*[M]. New York：Avon Books, 1993.

[7] Noam Chomsky. *Syntactic structure*[M]. Walter de Gruyter, 2002.

[8] 乔纳森·布朗. 自我[M]. 王伟平, 陈浩莺, 译. 北京：人民邮电出版社, 2004.

[9] 路得维希·维特根斯坦. 哲学研究[M]. 李步楼等, 译. 北京：商务印书馆, 2000.

[10] 蔡恒进. 中国崛起的历史定位与发展方式转变的切入点[J]. 财富涌现与流转, 2(1)：1 – 6, 2012.

[11] 蔡恒进, 田雪. 认知膜保护下的中国经济. Conference on Web Based Business Management, 606 – 610, 2012.

[12] 张晓玥, 蔡恒进. 古罗马帝国兴衰原因探讨[J], 财富涌现与流转, 2(3), 2012. doi：10.4236/ETW.2012.23013.

[13] Pinker, S. & Bloom, P. (1990). Natural language and natural selection[J]. *Behavioral and Brain Sciences*, 13, 707 – 784.

[14] [德]J. G. 赫尔德. 论语言的起源[M]. 姚小平, 译. 北京：商务印书馆, 1998.

[15] 蔡恒进, 蔡天琪. 自我肯定需求对语言习得和语言进化的推动[J]. 社会及行为科学发展, 2：261 – 264, 2013.

[16] 蔡恒进, 蔡天琪. 基于赫布理论的在线分组学习模式[C]. 教育及教育研究国际会议论文集. 2：173—177, 2013.

[17] 邓晓芒. 人类起源新论：从哲学的角度看（上, 下）[J]. 湖北社会科学, 7：88 – 99；8：

94－105,2015.

[18] Roger Penrose. The emperor's new mind. OUP Oxford[M]. 1999. （[美]罗杰·彭罗斯. 皇帝新脑[M]. 长沙：湖南科学技术出版社,2007. ）

[19] Marvin Minsky. The emotion machine[M]. Simon & Schuster. 2007. （[美]马文·明斯基. 情感机器[M]. 杭州：浙江人民出版社,2016. ）

[20] Pei Wang. The assumptions on knowledge and resources in models of rationality[J]. *International Journal of Machine Consciousness*,3(1)：193－218,2011.

[21] 蔡恒进,耿嘉伟. 论儒释道在中华认知膜内的融合[J]. 教育研究前沿. 4：42－46,2014.

[22] 耿嘉伟,蔡恒进. 自我肯定需求与马斯洛层次需求的比较[J]. 管理科学与前沿. 3：59－62,2013.

[23] 蔡恒进. 自我肯定需求的哲学断想. 2013.

[24] 汪恺,蔡恒进. 自我肯定需求假设的认知综合性[J]. 财富涌现与流转. 3:1－6,2013. （doi:10. 12677/etw. 2013. 31001. ）

[25] 汪恺,蔡恒进,曹涛. 社会愿景的传播与实现[C]. 首届大数据时代计算社会学与社会治理研究学术研讨会文集. 163,2015.

[26] 吴怡萍,蔡恒进. 自我肯定需求视角下的企业成长研究[J],科技进步与对策,31(6)：87－89,2014.

[27] 蔡恒进,吴怡萍. 自我肯定需求过剩——对美国金融危机的一种新解释[J]. 当代财经,7:5－12,2014.

[28] 蔡恒进,孙拓. 代理问题的认知膜阻碍机制分析[J]. 社会及行为科学发展,2:285－290,2013.

[29] [美]安乐哲 . 和而不同：中西哲学的会通[M]. 温海明等,译. 北京：北京大学出版社,2009.

[30] [美]安乐哲 . 自我的圆成：中西互镜下的古典儒学与道家[M]. 彭国翔,译. 石家庄：河北人民出版社,2006.

[31] [英]路得维希·维特根斯坦 . 逻辑哲学论[M]. 贺绍甲,译. 北京：商务印书馆,1996.

[32] [德]库尔特·考夫卡 . 心灵的成长[M]. 高觉敷,译. 北京：商务印书馆,2015.

[33] [英]麦克斯·缪勒 . 宗教的起源与发展[M]. 金泽,译. 上海：上海人民出版

社,2010.

［34］［美］凯文·凯利. 科技想要什么［M］.熊祥,译. 中信出版社,2016.

［35］［美］罗素. 西方哲学史［M］.何兆武等,译.北京:商务印书馆,1963.

［36］马克思恩格斯选集［M］.北京:人民出版社,2012.

［37］［法］笛卡儿. 谈谈方法［M］.王太庆,译.北京:商务印书馆,2000.

［38］冯友兰.中国哲学史［M］.重庆:重庆出版社,2009.

［39］Alexander G. Huth, Wendy A. de Heer, Thomas L. Griffiths, Frédéric E. Theunissen & Jack L. Gallant. Natural speech reveals the semantic maps that tile human cerebral cortex［J］. *Nature*,532,453 – 458 (28 April 2016) doi:10. 1038/nature17637.

［40］［美］史蒂芬·平克. 语言本能——人类语言进化的奥秘［M］. 欧阳明亮,译. 杭州:浙江人民出版社,2015.

［41］［美］丹尼尔·卡尼曼. 思考,快与慢［M］.胡晓姣等,译.北京:中信出版社,2012.

［42］［奥］埃尔温·薛定谔. 生命是什么［M］.罗来欧等,译.长沙:湖南科学技术出版社,2016.

［43］林海音.城南旧事［M］.武汉:长江文艺出版社,2014.

［44］Comment. There is a blind spot in AI research［J］. *Nature*, Vol. 538, pp. 311 – 313, October 20,2016.

［45］Daniel Thompson. Program good ethics into artificial intelligence［J］. *Nature*, Vol. 538,p. 291,October 20,2016.

［46］A. M. Turing. Computing machinery and intelligence［J］. *Mind*,59,433 – 460,1950.

［47］牟宗三.五十自述［M］.台北:鹅湖出版社,1993.

［48］邓晓芒,赵林.西方哲学史［M］.高等教育出版社,2014.

［49］［美］史蒂芬·平克.人性中的善良天使:暴力为什么会减少［M］.安雯,译. 北京:中信出版社,2015.

［50］蔡恒进.触觉大脑假说、原意识和认知膜［J］.科学技术哲学研究.5,2017.

［51］程志华.牟宗三哲学研究——道德的形而上学之可能［M］.北京:人民出版社,2009.

［52］郭齐勇.熊十力传论［M］.北京:中国社会科学出版社,2013.